DONGWU SHIJIE

动物世界

沐之◎主编

江西美术出版社
全国百佳出版单位

图书在版编目（CIP）数据

动物世界/沐之主编 . -- 南昌：江西美术出版社，2017.1（2021.11 重印）
（学生课外必读书系）
ISBN 978-7-5480-4893-0

Ⅰ . ①动… Ⅱ . ①沐… Ⅲ . ①动物—少儿读物 Ⅳ . ① Q95–49

中国版本图书馆 CIP 数据核字（2016）第 260738 号

出品人：汤 华	**江西美术出版社邮购部**
责任编辑：刘 芳 廖 静 陈 军 刘霄汉	联系人：熊 妮
责任印刷：谭 勋	电话：0791-86565703
书籍设计：韩 立 刘欣梅	QQ：3281768056

学生课外必读书系
动物世界　　沐之　主编
出版：江西美术出版社
社址：南昌市子安路66号
邮编：330025
电话：0791-86566274
发行：010-58815874
印刷：北京市松源印刷有限公司
版次：2017年1月第1版　2021年11月第2版
印次：2021年11月第2次印刷
开本：680mm×930mm　1/16
印张：10
ISBN 978-7-5480-4893-0
定价：29.80元

　　威武的狮子、聪明的海豚、高大的骆驼、优雅的企鹅……天空、海洋、陆地、沙漠、沼泽、极地、森林、草原等，只要是地球上有生命存在的地方，处处可以看到鲜活奔跃的动物。它们分布极为广泛，甚至可以说无处不在。它们有的庞大，有的弱小；有的凶猛，有的友善；有的奔跑如飞，有的缓慢蠕动；有的能展翅翱翔，有的会自由游弋……它们同样面对着弱肉强食的残酷，也同样享受着生活的美好，并都在以自己独特的方式演绎着生命的传奇。正是因为有了这些多姿多彩的生命，我们的星球才显得如此富有生机。

　　相较于人类，动物的世界更为真实，它们只会遵循自然的安排去走完自己的生命历程，力争在各自所处的生物圈中占据有利地位，使自己的基因更好地传承下去，免于被自然淘汰。在这一目标的推动下，动物们充分利用了自己的"天赋异禀"，并逐步进化出了异彩纷呈的生命特质，将造化的神奇与伟大体现得淋漓尽致。

　　动物世界精彩无比，动物世界无奇不有。小丑鱼居然会变性！蟑螂丢了脑袋也能活！被古人赋予丰富诗意的杜鹃，其实是可怕的巢寄生者，对后代只生不养……本书将带你走进奇妙的动物世界，去系统了解关于动物的知识和科学，认识那些常见、具有代表性，或与我们关系密切的形形色色的动物，深度了解其生活的方方面面，让你了解许许多多从别处看不到的知识，揭示哺乳动物、鸟类、昆虫、两栖与爬行动物等诸多鲜为人知的谜题，探索动物王国的生存法则和无穷奥秘。

　　在这本妙趣横生的动物百科宝典里，你可以从容走进以"百兽之王"狮子领衔的各种食肉和食草类哺乳动物的世界，零距离观察从鸵鸟、企鹅到翠鸟、黄鹂等形形色色的鸟类，纷繁奇异的龟、蛇、蜥蜴、鳄鱼和各种鱼，以及从蜻蜓、螳螂、到蝴蝶、苍蝇等种类繁多的昆虫。同时，书中配有上百幅令人叹为观止的高清照片，生动再现了动物的生存百态和精彩瞬间，对特定情境、代表种类特征、身体局部细节等的刻画惟妙惟肖，将自然界的神奇与伟大体现得淋漓尽致。

人类对其他生命形式的亲近感是一种与生俱来的天性，从动物身上甚至能寻求到心灵的慰藉乃至生命的意义。如狗的忠诚、猫的温顺会令人快乐并身心放松，而野生动物身上所散发出的野性光辉及不可思议的本能，则令人着迷甚至肃然起敬。衷心希望本书的出版能让越来越多的人更了解动物，然后去充分体味人与自然和谐相处的奇妙感受，并唤起读者保护动物的意识，积极地与危害野生动物的行为做斗争，保护人类和野生动物赖以生存的地球，为野生动物保留一个自由自在的家园。

目录
CONTENTS

第二章
昆　虫

第五章
爬行动物

第六章
两栖动物

第七章
无脊椎动物

Chapter 1
第一章

哺乳动物

哺乳动物的特征

>> BURU DONGWU DE TEZHENG

哺乳动物是脊椎动物中最高等的一类，又叫作"兽类"。全世界的哺乳动物约有4200种。

🐾 胎生哺乳

绝大多数的哺乳动物都是胎生，刚刚出生的幼崽不能自己获得食物，必须由妈妈用乳汁哺育才能慢慢长大。用乳汁哺育幼崽的行为叫作"哺乳"。哺乳动物也因此而得名。

🐾 体表被毛

哺乳动物的体表都布满了或长或短的各色体毛，体毛可以起到保护与保温的作用。颜色鲜亮刺眼的体毛还可以扰乱敌人的视线，分散敌人的注意力，使动物拥有一定的自卫能力。

🐾 体温恒定

哺乳类动物调节体温的能力较强，无论冬夏，体温都很恒定，所以不以像许多爬行动物和两栖动物那样进样进行冬眠或夏眠。这也是哺乳哺乳动物比其他动物进化得更好的表现。

海狮

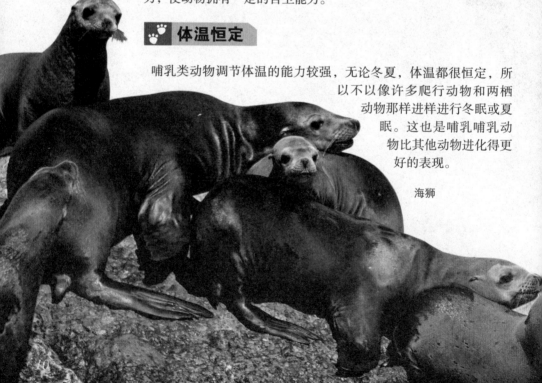

大脑发达

哺乳动物的大脑进化得更加复杂，形成了高级神经中枢。神经元数量大大增加，出现了连接两个大脑半球的横向神经纤维。在动物进化过程中，哺乳动物是首次出现了发达的小脑的动物。大脑皮层的空前发达为运算、逻辑提供了必要的基础，这是之前出现的其他动物所不具备的，所以哺乳动物的智商远高于其他非哺乳动物。

河马

牙齿分类

哺乳动物的牙齿经过进化被细分成了3类，分别为门牙、犬牙和臼齿。不同种类的牙齿具备的功能也不相同。门牙专门负责切割食物；犬牙尖尖的，有的尖端带钩，具有撕裂的功能；臼齿又叫"磨齿"，具有压、磨等多种功能。牙齿和食性有着莫大的关系，不同食性的哺乳动物，它们牙齿的类别、形状和数目都有很大的不同。

用肺呼吸

哺乳动物大多都属于陆生动物，它们已经基本甚至完全脱离了水，所以它们并不用鳃呼吸，而是进化成了用肺呼吸。肺可以使它们在陆地上更加自由地呼吸空气。肺的出现、肺活量的逐渐增强也令它们奔跑的速度更快，适应生存环境的能力更强。

獴

鼠

11

熊——外表笨拙，行动灵活

▶▶ XIONG —— WAIBIAO BENZHUO, XINGDONG LINGHUO

棕熊

熊 头圆颈短，躯体粗壮。它们种类不多，仅有8
种，分别为大熊猫、美洲黑熊、棕熊、眼镜
熊、北极熊、亚洲黑熊、懒熊和马来熊。也有学
者认为大熊猫应该单独划分为大熊猫科。

🐾 熊的食性

最早的熊是完全的肉食性动物。经过漫长的进
化与发展，现在的熊科动物几乎都已偏离了完全食肉
的习性而成为杂食性动物了。只有北极熊比较特殊，基本上只吃鱼和海豹。

🐾 熊的攻击性很强吗

别看熊的块头大，拥有利爪和利牙，仿佛很暴躁的样子，其实它们的性格十分
温和。它们从不主动攻击人或动物，也懒得和其他动物起冲突。但
如果你因此而得寸进尺，侵犯了它们的地盘，威胁到了它们的幼
崽，熊就会认为保护自己的时刻到了。它们发怒时会变得极其危险
和可怕。

🐾 熊很笨拙吗

熊的体形肥胖，行动缓慢，走起路来慢吞
吞的，给人憨憨傻傻、很是笨拙的感觉。其实
它们很灵活，追赶猎物时的速度令人吃惊，

棕熊

北极熊

即使是在崎岖的山路上，依然能够健步如飞。它们的速度可比人类快多了。此外，熊并不都是大块头，马来熊的体重仅45千克左右。

黑熊

棕熊

棕熊体长约2米，高约1米。棕熊是一种会跑、会爬、会游泳、会挖洞的全能动物。它们嗅觉和听觉都很好。在冬天，它们会找一个洞进行冬眠。棕熊经常独居。有时会到水流湍急的河岸边去捕鱼。棕熊与虎、狼及其他种类的大型熊类存在着很大的竞争关系。

黑熊

黑熊

黑熊的名字很多：月牙熊、喜马拉雅熊、藏熊、狗熊、熊瞎子或狗驼子。黑熊的体形在熊类中处于中等。它除了一身黑毛外，最明显的特征是其胸前有一块很明显的白色或黄白色的月牙形斑纹，不过这块斑纹的大小和形状在不同的黑熊身上也有很大差异，有的只是一条细线，有的则是一块大三角斑。

北极熊

北极熊又叫"白熊"，体形很大，因为它们栖居在冰天雪地的北极，所以被称为"北极熊"。北极熊很害羞，习惯于长时间孤独地生活在冰天雪地之中。北极熊是陆地上较大的食肉动物和北极地区的霸主，非常擅长游泳。它们喜欢吃鱼，同时也猎杀海豹和海象。

棕熊

熊猫——中国顶级国宝

▶▶ XIONGMAO —— ZHONGGUO DINGJI GUOBAO

熊猫，是我国特有的珍稀动物，也是我国的国宝。它们的脸圆圆的，酷似猫，但其体形和生活习性又和熊相似，所以其本质依然为熊。

"熊猫"还是"猫熊"

19世纪，熊猫标本在法国一博物馆展出时，人们甚至认为根本不存在这种动物，认为这黑白相间的毛是伪造的。人们刚开始时对这种可爱的家伙的称呼是"猫熊"或"大猫熊"。1939年，重庆平明动物园展出了"猫熊"的标本，由于国际书写格式和中国读法的差异，大家都将"猫熊"读成了"熊猫"，久而久之，"熊猫"就成了它们正式的名字。

熊猫

别称：猫熊、大熊猫
特征：身体滚圆，黑白相间；性格孤僻
生存区域：中国四川西部、甘肃和陕西的南部海拔2000～4000米的竹丛密林中
食物：竹子，偶尔吃肉

数量不多了

尽管人们对大熊猫十分爱护，但生活在自然界的大熊猫数量仍在逐年减少，这与它们自身的生活能力差、食性太单一、繁殖能力和防敌能力较弱有关。而人为地破坏山林，使熊猫失去生存之地，再加上天灾、疾病、竹子开花等原因，也导致熊猫数量的骤减。

竹熊

熊猫以箭竹等十几种竹子为食，所以熊猫总是在2平方千

米左右的有竹子的地区活动。

　　熊猫虽然偶尔也吃肉，但主要还是以竹
子为食。它们爱吃竹子的嫩茎、嫩芽和竹笋，
这些都是竹子最有营养、含纤维素最少的地方。
熊猫每天除了睡觉或小范围活动外，其余时间都在吃
竹子，平均每天取食的时间竟达14个小时左右，可吃进
竹子约35千克。竹子是它们赖以生存的必需品，所以人们又
将熊猫称为"竹熊"。

动物活化石

　　熊猫的祖先早在距今二三百万年前的洪积纪早期就出现了。距今几十万年前是
大熊猫的极盛时期，当时它们的栖息地覆盖了中国东部和南部的大部分地区。后来，
同期的动物相继灭绝，熊猫却不知为何遗留至今。它们的后代保留了很多原有的古老
特征，具有极大的科学价值，因此熊猫被誉为"动物活化石"。

撒尿表地位

　　近几年，在野外观测的科学家发现了这样一个有趣的现象：雄性野生熊猫会通
过撒尿来显示自己的地位。当它们要在树上留下气息记号时，会抬起一条后腿，用力
地把尿往树的高处撒去。尿撒得越高，雄性大熊猫在群体中的地位就越高，自然就容
易得到雌性的青睐。

豹类——美丽矫健的猫科动物

▶▶ BAOLEI —— MEILI JIAOJIAN DE MAOKE DONGWU

豹 类是极其凶猛的大型猫科动物，它们体形匀称，行动矫健，毛皮光滑而闪亮，美丽又迷人。

🐾 会爬树的花豹

花豹又叫"金钱豹"，毛黄色，密布圆形或椭圆形黑褐色斑点或斑环，形状像古钱。分布在非洲南部到乌苏里的广大地区。一般来说，豹各有活动领域并且独居。豹经常主动进攻猎物，捕猎的对象主要是小型的羚羊、瞪羚和猴子等。花豹爬树的本领很强，三两下就能爬上树顶。有了这个本领，捕食树上的猎物对花豹来说简直是轻而易举。

🐾 跑得快的猎豹

猎豹是陆上奔跑速度最快的动物，全速奔驰时的时速可以超过110千米。此外，猎豹还是猫科动物中历史最久、最独特的品种。猎豹主要分为非洲猎豹和亚洲猎豹，是所有大型猫科动物中最温顺的一种，除了狩猎，一般不主动攻击，易于驯养，古人曾用其助猎，后来猎狗取代了猎豹的位置。

🐾 不怕冷的雪豹

雪豹属于高山哺乳动物，终年栖息在雪线附近，是栖居海拔最高的猫科动物之一。雪豹体形与金钱豹相似，体色较淡，全身呈灰白色，毛长密而柔软，布有不规则的黑环或黑斑。雪豹白天一般在石洞里休息，夜间才出来觅食，在黄昏或黎明时分最为活跃。到了冬季，因高处觅食困难，就到雪线以下的低处觅食，有时也潜于村庄附近伺机盗食家畜。

名字叫豹，但不属于豹类

美洲豹生活在美洲，既不是豹，也不是虎，而是介于虎和豹之间的猫科动物。美洲豹身上的花纹和豹类相近，而体形更接近于虎。黑豹也不是严格意义上的豹，它们是花豹和美洲豹的某些黑色变异个体，也就是说，黑豹包括两种动物：属于豹的黑色豹和不属于豹的黑色美洲豹。

如何区分花豹、猎豹

二者长得很像，可如果你掌握了下面的窍门，就会轻易地将它们区分开。从个头儿上看，猎豹小，花豹大。从花纹上看，猎豹身上的花纹是实心的黑色；花豹身上的花纹则像中国古时的铜钱，黑边而中空。此外，猎豹的脸上有两道黑色的泪槽，花豹没有；花豹会爬树，而猎豹一般不会。

花豹

雪豹

17

狮子——百兽之王

提起"百兽之王",大家就会想到威震四方的狮子。很久以前,狮子分布于除了热带雨林地区以外的非洲、南亚各地区,而现在除了印度的吉尔以外,亚洲其他地方的狮子均已消失。所以狮子几乎成了非洲的特产。

🐾 高超的生存本领

在非洲炎热干燥的热带灌木丛中,毛色棕黄的狮子卧伏在里面,人们很难把它跟周围枯黄的草丛分辨开来。夜里,狮子还有夜视的本领,能轻易发现潜藏在黑暗中的动物。

非洲狮的组织纪律性很强,它们经常十余只甚至二三十只生活在一起,构成一个大家族。最有战斗力的雄狮被推为"族长",其余的狮子都听从它的指挥。它们这种家族制对于捕猎很有利:一只有经验的雄狮,从上风处向一群猎物接近,并不停地吼叫,驱赶猎物,

动物ID卡

狮子

特征: 唯一雌雄两态的猫科动物,雄狮有夸张的鬣;群居;凶猛敏捷

生存区域: 非洲大陆南北两端,撒哈拉以南的草原上

食物: 大中型食草动物或其他食肉动物

猎物吓得赶紧向相反的方向逃跑,然而,它们所逃向的"平安之地"正是雌狮和其他雄狮埋伏好的地方,于是,斑马、羚羊这些可怜的动物就成了狮子家族的美餐。

🐾 雌雄差异

狮子两性之间的外形差异极大。野生雄狮平均体长可达2.5米以上,重可达300千克,而母狮仅相当于雄狮的2/3左右大小,体重最多也只有160多千克。雌狮的头部较小,表面布满了短毛,而雄狮头颅硕大,上面长满了极其夸张的长鬣。

狮群中的狩猎者

　　和其他群居动物不同，狮群中的狩猎工作是由"女性成员"，也就是雌狮完成的。它们总是从四周悄悄地包围猎物，并逐步缩小包围圈。有的雌狮负责驱赶猎物，有的则埋伏在一旁准备搞突然袭击。每个狮群中的雌狮都很有默契，它们合作捕食的成功率非常高。

最懒的雄狮

　　别看雄狮块头大，长相威武，其实它们对狮群的贡献非常小。它们是狮群中最懒的成员，不仅很少参与捕猎，而且不愿经常活动。多数情况下，它们的工作似乎只有两个——睡觉和吃。不过这也不能怨它们，它们那夸张而硕大的头颅很容易暴露自己，惊吓到猎物，所以还是隐藏起来为好。

狼——全能的捕猎者

▶▶ LANG —— QUANNENG DE BULIEZHE

狼有着凶恶的眼神，可怖的脸庞，常常在黑夜中嚎叫。童话和动画片中，常将狼描述为残忍无情的坏蛋。

🐾 已经存在500多万年了

狼具有极强的环境适应能力，可以适应严寒，也能忍耐酷暑，甚至可以长时间忍受饥饿。正因为它们有极强的适应力，所以它们才能够历经500万年而依然活跃在地球上。

野生的狼一般可以活12~16年，人工饲养的狼能活20多年。狼的听觉、视觉、嗅觉都很灵敏，奔跑速度也很快，时速在55千米左右，而且耐力极佳。

🐾 生性凶残

狼是一种性情凶恶的动物，它们会用群力合作、围攻堵截的方式追捕猎物。一旦有某一只动物成为狼群追猎的目标，它逃生的希望是微乎其微的。狼不仅群起攻击熊、鹿等大型动物，危害猪、羊等牲畜，还残食受伤的同类。

动物ID卡

狼

特征：像狗，但嘴更长更宽，耳朵竖立，尾巴下垂；群居；机警凶残
生存区域：山地、林区、草原、荒漠、半沙漠以至冻原地区
食物：主要以鹿、羚羊、兔等为食

种群内斗争激烈

　　狼喜欢群居，每个群中的狼多在6~12只之间，在冬天寒冷的时候甚至会有50多只。狼的社会管理井井有条。在狼群中，只有一对狼享有最高地位，它们就是狼群的首领——狼王和王后。狼群是母权制的社会，狼群中，公狼为争夺首领地位而搏斗，而母狼争夺王后的斗争，比公狼间的斗争更加激烈。群狼对头领很敬畏，常常通过身体语言示好，比如俯下身子，耷拉着耳朵，垂着尾巴，翻译成人的语言，就是"尊敬的头领，我会服从您的安排"。

家庭观念

　　狼有着极强的家庭观念，群体中的小狼，不仅可以受到自己父母的细心呵护，就连其他成员也对它们关心备至、爱护有加。为了使幼狼更好地成长，有的狼群竟然出现了"育儿所"，将小狼集中在一起由母狼轮流抚育。由此可见它们的无私与团结。

不同的狼

　　草原狼一般体形比较大，而生活在森林中的狼身材中等，郊狼最小。大型的狼体重可达80多千克，而小型的狼却只有10千克左右。常见的狼有灰、黄两种颜色，寒冷的地方能见到全身雪白的白狼，有的狼背上像披了件上好的黑缎，也出现过拥有紫蓝色毛皮的狼。

狐——美丽的智多星

▶▶ HU —— MEILI DE ZHIDUOXING

狐 是犬科动物，是著名的中小型兽类，俗称"狐狸"。

🐾 狐、狸不同类

从分类学上讲，狐和狸是两种犬科动物。狐的样子有点像豺，但比豺要小。它们身长0.7米左右，体重6~7千克，尾长约0.45米。

狐有两个特征：一是尾巴粗又长，尾尖白色；二是耳朵背面为黑色，四肢的颜色比身体的颜色深。狐的毛色因所栖息的环境不同而差别很大，有褐色的、黄褐色的、灰褐色的、红色的、黑色的和黑毛带白尖的。

🐾 狐中明星

红狐尖嘴大耳，身体纤长，四肢较短，身后拖着一条长长的大尾巴，全身棕红色，耳背黑色，尾尖白色。红狐的尾巴有一个小孔，能释放一股刺鼻的臭气。银狐并非全身银白，也有一些黑毛，所以又叫"银黑狐"。银狐

动物ID卡

狐

别称：狐狸

特征：身体纤长，尾巴粗长，毛会变色；聪明机警

生存区域：森林、草原、半沙漠、丘陵地带，居住于树洞或土穴中

食物：鼠、鸟、鱼、昆虫等

脸圆，耳朵长，大尾蓬松，四肢细长。

北极狐中有一类叫"天蓝北极狐"，多生活在高纬度较冷的地方。它们长得和银狐很像，但体形略小，耳朵较宽。它们的毛一年四季均呈蓝灰色，与蓝色的海水相应，能起到很好的保护作用。

适应性强

狐的适应性很强，栖息在森林、草原、丘陵、荒漠等各种环境中，甚至出没在城郊和村庄附近。狐的腿虽然较短，但跑起来非常快，不是所有的狗都追得上的。夜间，狐的眼睛能发出亮光，远看好像若隐若现的灯光。

狐的警惕性很高，尤其是在生殖时期。如果谁不经意间发现了它窝里的小狐，它就会在当天晚上搬家，以防不测。

大尾藏玄机

狐身上最有特点的要数那条长长的大尾巴了。在尾巴的根部有一个小孔，这个小孔是狐狸最具有杀伤力的武器。每当遇到危险，小孔中就会放出令人难以忍受的刺鼻臭气，使敌人立刻逃避。

有勇有谋

狐力气很大，它能猎杀梅花鹿的幼崽，也能捕捉黄鼬等小型食肉动物。当然，狐猎杀别的动物不光是靠力气，最主要是靠智慧和谋略，讲究战术。狐逃避敌害和脱离危险更多的也是靠智慧，比一般动物技高一筹。

袋鼠——妈妈的袋子最有名

▶▶ DAISHU —— MAMA DE DAIZI ZUI YOUMING

袋鼠属哺乳纲有袋目袋鼠科，是澳大利亚特有的动物。袋鼠非常善于弹跳，堪称兽类中的跳远冠军。

特大型"老鼠"

袋鼠长得像巨大的老鼠。不同种类的袋鼠体形大小不一，特征也略有差别，不过它们的共同之处也有很多：头小，耳朵又长又大，能听到远处的声音；眼睛大，观察距离远；前肢短小，后肢发达，第四趾特别大；善跳，一般靠后肢支撑跳着去寻觅食物。

袋鼠是"拳击高手"

著名的育儿袋

在雌袋鼠肚子周围有一个由皮膜构成的育儿袋，"袋鼠"就由此而得名。这个育儿袋对袋鼠育雏很有作用：刚生下的幼崽小得可怜，体长仅2厘米，还不如一根铅笔粗，半透明，简直像个小虫，根本无法独立生活，这时的它只有躲在妈妈肚子上的育儿袋里，在里面吸吮乳汁，才能渐渐长大。

动物趣闻
DONGWU QUWEN

澳大利亚有只袋鼠叫露露，它在妈妈意外死亡之后被一名叫理查兹的中年男子收养。一天，理查兹在野外被掉落的树枝击中，失去知觉昏倒在地。露露知恩图报，将理查兹的家人引到出事地点，挽救了主人的生命。从此，"露露"成了当地的英雄。

🐾 第五条腿

袋鼠的"第五条腿"又粗又长，肌肉发达。在跳跃的时候，这第五条腿可以帮助它们保持身体的平衡；缓慢行走时，这第五条腿还可以支撑地面帮助行走。这神奇而多功能的第五条腿到底为何物？相信小朋友们肯定猜出来了，这就是袋鼠的尾巴。

🐾 素食主义者

袋鼠是绝对的素食主义者，它们喜欢吃植物的茎叶，更喜欢吃鲜嫩的青草。如果行走于雨后的林中，偶然看到大大的蘑菇，它们也会毫不犹豫地将其咬下并迅速吞入肚中。

🐾 不同的生活环境

大多数的袋鼠都喜欢在夜间活动，当然也有例外，有些袋鼠在清晨或傍晚比较活跃。袋鼠因种类的不同，生活习性和喜欢的自然环境都不相同。比如有的袋鼠喜欢生活在绿油油的树丛中；有的袋鼠喜欢生活在隐蔽的地方，比如石穴、树洞或岩石的裂缝里；还有的袋鼠能够自己筑造大大的巢穴，然后生活其中。

动物ID卡

袋鼠

特征：头小，耳朵、眼睛大，前肢短，后肢长，有育儿袋；善跳
生存区域：澳大利亚大陆和巴布亚新几内亚的部分地区
食物：植物的茎叶

松鼠——大尾巴的小动物

SONGSHU DAWEIBA DE XIAO DONGWU

松鼠是典型的树栖小动物，体长20~28厘米，尾长15~24厘米，体重300~400克。它们乖巧、驯良、行动敏捷，非常惹人喜爱。

🐾 大尾巴的用处多

松鼠的生活离不开身后那条毛茸茸的大尾巴。当松鼠在树上跳跃或者走动时，大尾巴可以帮助它们在空中保持平衡，松鼠还可以通过调整尾巴的朝向来改变前进的方向。当不小心从树上掉下来时，大尾巴就成了松鼠的"降落伞"，可以帮助它们安全地降落。到了晚上或者冬天，松鼠还可以把整个身子蜷缩进尾巴里，这时大尾巴就变成了一床又松又软的大被子。当烈日炎炎时，松鼠的尾巴高高地翘起，成为一把大大的"遮阳伞"。当下水渡河时，松鼠会用树皮当船，用尾巴做帆或者舵。而在水中时，松鼠竖起的尾巴还可以帮助它游泳。

菜谱丰富，荤素搭配

松鼠喜欢吃素，但偶尔也吃荤食。它的素食主要以红松、云杉、冷杉、落叶松、樟子松和榛子、橡子的干果以及种子为主；荤食主要以昆虫、幼虫、蚁卵和其他小动物等为主。在食物青黄不接的情况下，松鼠还有其他选择。春季吃树芽，夏季吃蘑菇、托盘和越橘等浆果，到了秋季食物丰富，松鼠就吃喝不愁了，想吃啥就有啥，但最喜爱的还是红松果仁。

脱去夏装换冬衣

松鼠到夏季全身的毛发都会变成红色，到了秋天则会更换为一件黑灰色的外衣。这层冬毛会紧密地覆盖在松鼠的全身。松鼠一年换两次毛，春天的时候脱下冬衣换上夏装，秋天的时候则换上冬装。松鼠可不是一下子就换完全身的毛，而是按照一定的顺序，一点点地换毛。因为松鼠喜欢用后腿坐着，接触地面的地方会变冷，所以换冬装时先从屁股开始，然后是背部、耳朵、脖子、四肢……就像人类穿衣服一样，井然有序。

发育缓慢、成熟早

初生的松鼠，全身无毛，眼睛亦不明。8天后，松鼠开始长毛，30天以后才能睁开眼睛，45天能食用僵硬的果实，而且行动也变得十分敏捷。此外，松鼠还具有成熟早的特点。幼鼠出生8~9个月开始性成熟，也就是出生第二年便可配偶繁殖。

27

象——最大的陆地动物

象 的身材魁梧，四肢粗大，长有长长的鼻子和大蒲扇似的耳朵。它们喜欢群居于丛林、草原和河谷地带，是世界上最大的陆地动物。

🐾 动物中的大胃王

象的体形庞大，所需热量极多，而它们的食物又都是植物，所含热量少，于是它们不得不总是补充能量，这也是它们食量大的原因。一头成年象每天的食物重量竟达220千克以上。这个数字真的很惊人，足以证明它们是无与伦比的大胃王。

🐾 象鼻的作用

象常用鼻子卷起一根香蕉或其他果实送入口中，这时，长鼻子就是象的取食工具；在河边，象总将长长的象鼻伸到水里，将河水吸入口中解渴，这时的象鼻就是象的饮水工具；如果遇到危险，象还会用象鼻抽打或卷起敌人，这时的象鼻又会变成象的自卫工具。

🐾 象不能倒下

象终其一生都不能倒下，即使是睡觉的时候都依然站立着。

难道它们不累吗？其实这是象的一个天性，也是象的一种无奈。由于身躯庞大，重量惊人，它们的内脏承受着巨大的压力，一旦倒下，压力更大，内脏无法负荷重压，就会破裂受损，从而引起身体不适甚至生病的情况。

🐾 象坟场

自古以来就有一种传说：象在临死之时，一定要跑到象的坟场去迎接自己的末日。众象通常也跟着，它们用土和草木把死者掩埋起来，还常常把死象的象牙弄断，然后在岩石或树干上摔碎。英国生物学家哈维·克罗兹就曾在一个沼泽地附近目睹了象的葬礼：一头垂危的老母象耷拉着脑袋，跌跌撞撞地向前挣扎着，最终摔倒在地，四周的大象聚拢到它的身边，发出沉闷的哀号声。

至于象为什么采取这一行动，人们至今仍不得其解。有人认为所谓的象坟场其实是盗猎者的借口。因为捕杀象攫取象牙，要受到法律的制裁，所以偷猎者杀害象之后，总要掩饰说："我们偶然发现了象的墓地，才得到这么多象牙。"

象牙是一种名贵的雕刻材料，用它加工而成的艺术品、首饰或珠宝非常昂贵。大象也因此遭到了大肆捕杀。

动物ID卡

象

别称：大象
特征：长鼻子、大耳朵、长牙齿、四肢粗壮，是最大的陆地动物；胃口大；群居
生存区域：丛林、草原和河谷地带
食物：草、枝叶、水果等

鹿——运动高手

▶▶ LU —— YUNDONG GAOSHOU

鹿有很多种类，分布在世界各地。由于居住地区不同，鹿的体形、大小、毛色、角和形状都有很大的差异。

习性

鹿是食草动物，一般生活在森林中，也有的生活在苔原、荒漠、灌木丛和沼泽地带。鹿是典型的食草性动物，食物包括草、树皮、嫩枝和幼树苗等。鹿有细长的腿，擅长奔跑。鹿生性胆小，平时很警觉，一般白天休息，早晨和傍晚出来觅食。

长颈鹿

长颈鹿的颈很长，头顶到地面的距离可达4.5到6.1米。它的嘴唇和舌头也能够伸得很长，这可以弥补它的颈部过长之不足。长颈鹿很少饮水，甚至几星期都可以滴水不进，其身体所需的水分常常是靠咀嚼针叶食物和草等来供应。长颈鹿性情温和，但对敌人毫不客气。它的四只赛似铁锤的巨蹄，据说能够踢死一头猛狮。长颈鹿的头顶上还长有角，这对软角只有几厘米长，主要是用来与它的情敌作不

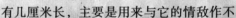

麋鹿

长颈鹿

流血的决斗的。

白唇鹿

白唇鹿是我国特有的珍贵的大型动物。它们的体形相当大；体毛呈暗褐色，并带有淡色的小斑点。成年雄鹿有长角，且有4~6个分叉，雌鹿无角；蹄子宽大，适于爬山和攀登裸岩峭壁。它们最主要的特征是：有一个纯白色的下唇，白色延伸到喉的上部和吻的两侧，故名"白唇鹿"。

白唇鹿

麋鹿

麋鹿是一种哺乳动物，它的毛呈淡褐色。它的角似鹿、面似马、蹄似牛、身似驴，而从整体上看，它又什么都不像，因此人们便给它起了个形象的名字——"四不像"。"四不像"是一种古老的生物，已有约300万年的生存历史了。

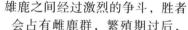

梅花鹿

梅花鹿常常一二十只一起活动，范围在数十平方千米的灌木林区。如果不受外界干扰，它们不会迁徙，即使受惊外逃，不久也会返回原来的地方。雄性梅花鹿喜欢单独行动，在繁殖季节，雄鹿之间经过激烈的争斗，胜者会占有雌鹿群，繁殖期过后，它又开始单独生活了。

梅花鹿

兔子——机灵的"胆小鬼"

兔子，一种常见的哺乳动物，它们的头部长得有点像老鼠，后腿比前腿稍长，擅长跳跃，跑得很快，并且可爱机灵。

🐾 玻璃珠般的眼睛

兔子的眼睛有红色，蓝色，黑色，灰色等各种颜色，有的兔子左右两只眼睛的颜色不一样。实际上，兔子眼睛的颜色与它们的皮毛颜色有关系，黑兔子的眼睛是黑色的，灰兔子的眼睛是灰色的，白兔子的眼睛是透明的。咦？小白兔的眼睛不是红色的吗？没错，但那只是一种视觉效果，因为白兔子眼睛里的血丝（毛细血管）反射了外界的光线，透明的眼睛就显出了红色。

🐾 我是"远视眼"

由于兔子的眼睛长在脸的两侧，所以它的视野开阔，据说兔子连自己的脊梁都能看到。兔子是夜行动物，所以它的眼睛能聚很多光，即使在微暗处也能看到东西。不过，它不能辨别立体的东西，对近在眼前的东西也看不清楚。

🐾 长耳朵的秘密

　　兔子有一对长长的大耳朵，这对耳朵可不是摆设。外出觅食时，兔子会机警地将一双长耳朵竖起来，以探听四下的动静。你知道吗？兔子的长耳朵还可以上下左右地转动，这就使它的听觉非常敏锐。别以为兔子的耳朵只是为了听声音才长得这么显眼，其实它还有"散热器"的作用。兔子的体表没有汗腺，不能像其他动物那样通过排汗来散发体内多余的热量。天热的时候，兔子就通过耳朵上大量分布的毛细血管来散热，如此一来，它就不会被炎炎烈日晒晕了。

🐾 "腿"长"手"短

　　兔子的后肢比前肢长，并且肌肉发达，强健有力，这样的四肢非常有利于跳跃。大概是因为兔子挖洞时总是用后腿用力蹬土，或者平时蹲坐和站立时总把重心放在后肢等行为造就了它的这一特点。仔细观察你会发现，兔子后脚的第一根脚趾已经退化了，只有4个脚趾。行走时，后脚的脚趾和脚掌会同时着地。与后肢相比，兔子的前肢就短小得多。前肢上有5个脚趾，趾端有爪，行走时用脚趾着地。由于兔子的前后肢比例失调，所以当兔子站立不动时就好像是在坐着一样。这种结构使兔子非常善于走上坡路，却不善于走下坡路。

斑马——黑白条纹顶呱呱

▶▶ BANMA —— HEIBAI TIAOWEN DINGGUAGUA

斑马是马家族中最漂亮的一员。它们身上那黑白相间的条纹，彩缎般发亮的毛色，奋蹄飞跃的身影，都令人过目难忘。

🐾 野外生存不容易

斑马是非洲的特有动物。对很多食肉动物来讲，斑马肉是上等的佳肴。所以在这竞争残酷、充满危机的环境里，为了能够生存下去，斑马必须具备独特的求生本领。

斑马的求生秘诀首先便是身上黑白相间的条纹。在广阔的非洲大草原上，在阳光或月光的照射下，这些条纹能反射出各不相同的光线，从而使它们的身体轮廓变得模糊，与周围环境融为一体。大型食肉动物想吃到斑马肉，首先得擦亮眼睛。

其次，斑马天性谨慎，即使是在悠闲地吃青草的时候，依然竖起耳朵，高度警惕地感受着周围环境的变化，一有风吹草动，就会马上扬起四蹄，飞奔而逃。只有这样，它们才有可能躲过狮子等凶猛的食肉动物的突然袭击。

其三，斑马非常合群。斑马喜爱过集体生活，彼此关系密切。除了同类，斑马还喜欢和野牛、鹿等大型食草动物搭帮结伙，共同震慑敌人。这是因为单个的斑马势单力薄，根本无力对付狮子、鬣狗、野狗和猎豹等敌人，为了在这个弱肉强食的动物世界里生存、繁衍，它们必须依靠集体的力量。

🐾 斑马究竟是黑马还是白马

判定一个动物的颜色，我们往往要看其皮肤上的哪种颜色最多，占据皮肤的面积最大。而斑马却很令人头疼，它们皮肤上的黑色和白色几乎等量，占据皮肤的面积也不相上下，那么它们到底是黑马还是白马呢？有科学家想到了一个奇特的办法：将斑马的毛全部剃掉。剃掉毛后，斑马的黑白条纹不见了，露出了黑黑的皮肤。答案终于找到了——斑马属于长着白条纹的黑马。

🐾 别再伤害我们了

斑马精致的毛皮是许多人梦寐以求的珍贵皮革。为了得到斑马的皮和肉，人类大肆捕杀它们，导致各个种类的斑马数量都大幅度减少，其中拟斑马已绝迹，山斑马也濒临灭绝。看来，保护斑马，刻不容缓。

鲸——海中"巨人"

▶▶ JING —— HAIZHONG "JUREN"

鲸是海洋中的庞然大物，一头最大的鲸的体重相当于8头大象，约30米长。18世纪，全世界有200多万头鲸，如今只剩下80多万头了。

🐾 鲸鱼是鱼吗

鲸和鱼类有很大的不同。鱼是变温动物，而鲸是恒温动物；鱼用鳃呼吸，而鲸用肺呼吸；最重要的是，鱼类都是以卵的形式产生下一代，而鲸却是直接生出小鲸，并以乳汁哺育后代。所以鲸虽然也叫"鲸鱼"，但并非鱼，而是切切实实的哺乳动物。

雌鲸很会照顾幼鲸，常带着它在水面上游动；幼鲸也会紧靠在母鲸的身边，在水中自由呼吸和休息。

蓝鲸

座头鲸

🐾 潜水之王

鲸是一种潜水能力极强的动物，长须鲸可在水下300~500米处待上1小时，最大的齿鲸——抹香鲸能潜至千米以下，并在水中待上2小时之久。人们曾在一条抹香鲸的肚子里发现了一种小鲨鱼，据分析，这种鲨鱼只生活在水下3000多米的海洋深处。由此可见，抹香鲸可以潜入深达

3000米的海域。

 濒临灭绝

　　鲸的繁殖能力特别差，平均两年才能产下一头幼鲸。由于海洋环境的污染和人类的大量捕杀，鲸的数量正在急剧减少。如鲸类中体形最大的蓝鲸正处在灭绝的边缘。因此，保护鲸类，刻不容缓。

虎鲸

 蓝鲸

　　又名"剃刀鲸"，背脊呈浅蓝色，肚皮布满褶皱，是地球上最大、最重的动物。主要食物是小虾、水母、硅藻，以及各种浮游生物。一头蓝鲸每天要吃约4吨重的小磷虾。如果它肚中的食物少于2吨，它就会饿得发慌。蓝鲸的力气极大，其拉力相当于一台中型火车头的拉力。

 虎鲸

　　虎鲸是在海洋中生活的大型哺乳动物。身体呈流线型，表面光滑，背上长有一鳍，四肢退化，前肢变为一对鳍，后肢已经消失。虎鲸生性凶猛，是海洋霸主，鲨鱼根本不是它的对手。它们长着一口锋利的牙齿，专门袭击海豚、海豹、海狮、海象等动物，甚至袭击巨大的蓝鲸。

海豚——海中智者

▶▶ HAITUN —— HAIZHONG ZHIZHE

海豚是一种体形较小的海洋哺乳动物，身体呈完美的纺锤形，背部青黑色，腹部白色，喜欢群体生活。有时候也能看见白色甚至粉红色的海豚，那是因为海豚得了白化病。

水中健将

我们最熟悉的海豚是普通海豚和宽吻海豚。亚里士多德、伊索、希罗多德等作家的著作中提到的作为儿童坐骑或营救落水者的海豚，就是这两个种类。

海豚是水中健将。我们人类若不穿潜水衣，最多只能潜入水下30米，而海豚的潜水纪录竟达300米，是人类潜水深度的10倍。它们的游泳速度更是惊人，时速在60千米左右，可以赶上一枚中等速度的鱼雷。

🐾 聪明的动物

参加表演的海豚能钻火圈，能算算术，甚至能打乒乓球，真可谓本领超群。海豚的聪明伶俐完全是基于其发达的大脑。海豚的大脑占自身体重的1.7%，仅次于人类的2.1%，所以除人类之外，最聪明的动物不是狗，不是猫，也不是大象，而是可爱的海豚。它们的记忆力与反应力都极强，自然能够练就许多本领了。

🐾 惊人的听力

曾有人做过实验，将海豚的眼睛蒙上，把水搅浑，但海豚凭借惊人的听力，依然能准确而迅速地找到食物。它们的双耳不仅能够测出食物的远近、方向与位置，甚至能够分辨出食物的形状和性质，真是神奇。这种判定物体的方法被称为"回声定位"。

🐾 人类的挚友

温顺的海豚十分愿意与人接近。比起狗和马来，它们对待人类甚至更为友好。它们愿意与人玩耍、嬉戏。在海中畅游时，假如恰巧遇到不小心落水的人类，它们会毫不犹豫地将其托起并送至岸边。

虽然海豚在极个别的时候也会攻击人，但这和捕猎者对它们的屠杀根本无法成正比。有的地方甚至有"杀海豚"节。全球一年被屠杀的海豚达2万头。

海豹——没耳郭的海兽

海豹哺乳

在海洋馆中，我们经常能看到可爱的海豹，它们有着胖墩墩的身材，滑溜溜的皮肤，圆圆的脑袋和又大又黑又明亮的双眼，非常聪明可爱。

海豹家族

全球海豹将近20种，南北极最多。人们熟悉的有以下几类：斑海豹、髯海豹、灰海豹、环斑海豹、带纹海豹、僧海豹、威德尔海豹、罗斯海豹、豹型海豹、冠海豹、象海豹、食蟹海豹等。

其中，象海豹的个头最大，冠海豹的鼻子吻部前可以膨胀形成囊状，豹型海豹最为凶残，环斑海豹个头最小，髯海豹长着长而硬的胡子，罗斯海豹能发出类似鸟叫的声音，威德尔海豹潜水能力极强，僧海豹最为珍稀。

海豹的经济价值很高，正因为如此，它们遭到了人类严重的捕杀。现在，各国都出台了相应的政策与法律来保护这些可爱的小生灵，希望大屠杀不再上演。

动物ID卡

海豹

特征： 身体肥胖，呈纺锤形；泳技很棒
生存区域： 南极、北极周围；温带、热带海洋中；个别湖泊中
食物： 以鱼、贝类为主

这是海狮，它们有耳郭，海豹则没有

灵活的鳍肢

海豹的身体臃肿肥胖，但却能够极其快速地在地上移动，这都是其前肢的功劳。海豹的前肢强壮而有力，可以支撑沉重的身体，而且能够牢牢地抓住猎物并将其快速地送入口中，还能作为抓痒的特效工具。在水下，这灵活的鳍肢更是显露出了巨大的作用，可以使海豹时刻保持极快的速度和优美的姿势。

如何过冬

平时海豹吃饱后就会浮在水面上睡觉，到了冬天，水面结冰了，它们就转移到冰下继续过着安逸的日子。但是冰下的光线很暗，还缺少氧气，怎么办呢？不用担心，聪明的小海豹会用尖利的牙齿咬穿厚厚的冰层，在冰面上开出一个个圆圆的小孔，通过这些孔，它们不仅能够享受到丝丝阳光，还能呼吸到新鲜的空气，保证自己能安然地度过整个冬天。

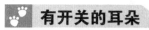
斑蟹海豹

有开关的耳朵

游过泳的人都知道，下水之后，如果不能很好地保持平衡，耳朵就很容易灌进去水，很不舒服。关于这一点，海豹一点儿都不担心。为了更好地适应海中的生活，它们的耳朵已经变得很小，有的种类的海豹的耳朵甚至已经退化成了两个小小的洞。更为惊奇的是，在游泳时，这两个小洞在大脑的控制下可以任意地开闭，就像开关一样，真是令人羡慕。

冠海豹

41

海象——北半球的"土著"居民

>> HAIXIANG —— BEIBANQIU DE "TUZHU" JUMIN

海象，顾名思义，就是海中的大象。海象位列鲸鱼、大象、象海豹之后，是第四大的哺乳动物。一般体长3～4米，重1300公斤左右。

🐾 多功能的獠牙

海象之所以好辨认，是因为它们长着两枚长长的獠牙。不要以为这两个难看的家伙只是摆设，它们可是海象生活中不可缺少的好帮手。首先，獠牙可以用来抵御敌人的进攻，当海象遇到北极熊时，獠牙就变成了它们强有力的武器。其次，獠牙还是小钩子，当海象想从水里上岸时，就用獠牙钩住冰层，然后把自己从水中拖到冰面上。当然，当海象在水中游泳的时间过长又找不到冰窟窿时，也可以用那两个锋利的獠牙在冰下凿孔，以便探出头来呼吸。另外，当海象幼崽卡在冰面裂缝中时，海象妈妈还可以用獠牙营救幼崽。看，獠牙的作用很多吧！正因为如此，獠牙在海象的

海象

特征：眼小，鼻子短，皮厚而多皱，有两枚长长的獠牙
生存环境：北极、北大西洋和北太平洋的冷水海域中
食物：海贝以及章鱼、鳎、海鳗等

一生中都处于不断生长的状态，最长可以长到1米。

会变色的外衣

在陆地上时，海象总是披着一件棕红色的"外套"，而到了水里，它们就会换上灰白色的外衣。这是怎么回事？原来海象能通过调整血液循环来防寒保暖。海象的体表有一层约6厘米厚的皮肤，其中毛细血管密集。当浸泡在冰冷的海水中时，海象体内的动脉血管就会因为受冷而收缩，从而限制血液的流动，造成毛细血管供血不畅，因此皮肤就会呈现出灰白色。回到陆地后，海象体内的血管膨胀，血液流动速度加快，毛细血管供血充足，皮肤就恢复了棕红色。

喜欢群居生活

海象喜欢与同伴们一同生活，它们一生中的大部分时间都在海象群中度过。海象群会一起在浮冰上漂流，也会成群地爬向陆地。一个海象群可以有几千头海象。它们常常相互叠在一起，一个压着一个，有时也会发生争斗。一只大海象可能会为了在拥挤的海象群中获得稍大点的空间，扭转头把獠牙指向个小的海象，就像是在说："挪开，否则……"海象群中有很多幼崽。海象妈妈们会细心照料幼崽大约两年的时间。为了在拥挤的海象群中保护幼崽，妈妈们会把幼崽藏在身下的两个鳍状肢之间。

金丝猴——我国珍贵动物

>> JINSIHOU —— WOGUO ZHENGUI DONGWU

金丝猴是我国的国宝级动物，它们体长约70厘米，尾长与体长几乎相等，毛色艳丽，性情温和，煞是可爱。

🐾 漂亮的外衣

"金丝猴"，听到这个名字，你一定认为它们是一种全身长满了金色体毛的猴子。如果这样理解，那么你只理解对了一半。生活在我国四川地区的金丝猴的确"猴"如其名，阳光下金光闪闪的毛发让它们成为这个种群中最漂亮的一种。但是居住在其他地区的金丝猴却没有金色的体毛。但是，它们的毛色也十分好看，比如栖息在我国云南地区的金丝猴，它们的体毛主要是黑灰色和白色的，背部披着黑毛，臀部、腹部和胸部都是白毛，脸上白里透粉，也非常惹人喜爱。

🐾 请叫我"仰鼻猴"

金色的体毛算不上"金丝猴"种群的共同特征，形状奇特的鼻孔才是用以辨认这种动物的最好特征。金丝猴的鼻子很特别，因为鼻子极度退化，

它们没有鼻梁，在厚厚的嘴唇上面只有两个"仰面朝天"的鼻孔，远远看去，就像是两个小窟窿。因此，人们也喜欢管金丝猴叫"仰鼻猴"。

庞大的群体

金丝猴是群居动物，每个大的集群是按家族性的小集群为活动单位的。最大的群体可达600余只。在灵长类中，如此庞大的群体实属罕见。金丝猴的社会通常分为两种单元，一种是家庭单元，这种单元由一只成年公猴担任家长，它拥有多个妻妾和众多儿女；另一种则是全雄单元，这种单元中全是公猴子，成员身份复杂、背景多样，其中包括已经退位的家长，还没有当上家长的亚成年公猴，还有刚被家长赶出来的少年公猴。

我们有自己的语言

猴子是一种非常聪明的动物，金丝猴也不例外。动物学家发现生活在我国神农架地区的金丝猴能够使用"语言"与同伴交流。当然，它们的语言只是一些简单的声音，但是它们能够通过不同的音调和叫声表达不同的意思。金丝猴最常发出的叫声是"噫"。这种声音是它们互相打招呼和报平安的声音。在金丝猴家族集体迁移的过程中，大家会不停发出"噫"的声音，这就是在告诉其他猴子"没有危险，我很安全"。除此之外，遇上危险时，它们会发出"嘎"的报警声；如果被其他成员欺负，它们会发出"呜喔"的求助声；而在抢东西吃的时候，它们会发出"咕咕"的声音，以此来吓退其他猴子。

动物ID卡

金丝猴

特征：毛色艳丽，鼻孔大且上翘
生存环境：高山密林中
食物：野果、嫩芽、竹笋、苔藓等植物

食蚁兽——爱吃蚂蚁的怪兽

▶▶ SHIYISHOU—— AI CHI MAYI DE GUAISHOU

食蚁兽是一种以蚂蚁为主要食物的动物，它们长相奇特，主要栖息于中美洲和南美洲。

食蚁兽

特征：吻部尖长，嘴呈管形；舌可伸缩，没有牙齿
生存环境：潮湿的森林和沼泽地带
食物：蚂蚁、白蚁及其他昆虫

长相怪异的家伙

食蚁兽的头部很长，就像一个又长又尖的圆锥，脑门扁平，脑容量非常小。耳朵、眼睛和鼻子也都小得可怜。嘴巴就更小了，就是头部前段的一个小孔而已。食蚁兽有非常粗壮的前肢，前肢上长着尖锐而弯曲的爪子。仔细看你会发现，它的第三个脚趾特别粗大，相比之下，其余4个脚趾都显得特别小。食蚁兽浑身都长着长而粗的毛，尾巴肥大，总是向下垂着。

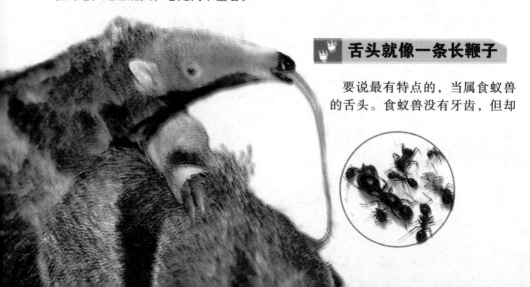

舌头就像一条长鞭子

要说最有特点的，当属食蚁兽的舌头。食蚁兽没有牙齿，但却

有一条像蠕虫一样的长舌头。这可是它的捕食利器，它能完成最复杂的捕食任务。食蚁兽整条舌头都可以灵活伸缩，最多能伸到60厘米长，而宽度却只有1~1.5厘米，伸缩频率可达到每分钟150次。食蚁兽的舌头上面布满了唾液和腮腺分泌物的混合黏液，蚂蚁们一碰到这些黏液就再也跑不掉了。

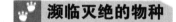

大小食蚁兽生活不一样

所有食蚁兽在地面活动时都显得缓慢而笨拙。食蚁兽树栖的两个属，前掌趾爪用作抓挂，以双肢交替前进的方式沿着树干运动。斑颈食蚁兽栖在树上，也常下地觅食。小食蚁兽也是树栖，大多隐蔽在密林中或躲在树洞里。这两种食蚁兽都是夜间出来觅食。而大食蚁兽则完全是地栖者，主要栖于潮湿的森林和沼泽地带，白天或晚上活动，善于游泳。

濒临灭绝的物种

大食蚁兽的肉可食用，因此常常遭到人类的捕捉，数量大量减少，20世纪70年代被列为世界保护动物。二趾食蚁兽和环颈食蚁兽完全或部分过着树栖生活，但是随着美洲原始森林的大量消失，它们也濒临灭绝。

Chapter2

第二章

昆　虫

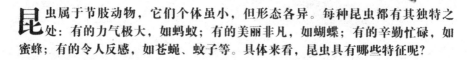

昆虫的特征

▶▶ KUNCHONG DE TEZHENG

昆虫属于节肢动物，它们个体虽小，但形态各异。每种昆虫都有其独特之处：有的力气极大，如蚂蚁；有的美丽非凡，如蝴蝶；有的辛勤忙碌，如蜜蜂；有的令人反感，如苍蝇、蚊子等。具体来看，昆虫具有哪些特征呢？

🐾 最显著的特征

如果经常观察昆虫，你就会发现，无论哪种昆虫，它们的身体都明显地分为头、胸、腹3部分。每一部分又分出了很多细小的环节，如胸部又细分为前胸、中胸、后胸3节，腹部根据昆虫的不同种类又有3～12节的分别。

蝉

🐾 外骨骼与翅膀

我们常看到的蚂蚱、蝈蝈、蝴蝶、蜻蜓都有一个共同的特征，即身体的上部摸上去硬硬的，像是罩着一层外壳。这就对了，这层外壳就是昆虫成虫的"外骨骼"。和有些生物不同，昆虫的体内没有骨骼，全靠"外骨骼"来支撑自身。

大多数昆虫成虫的胸部都长着两对翅膀。只剩一对的种类也存在，我们常见的蚊子、苍蝇就属于这一类。有个别种类的昆虫翅膀已完全退化了，如跳蚤、虱子。

🐾 脚与触角

昆虫的成虫一定长有3对脚，而这3对脚分别长在前胸、中胸和后胸上。脚的数量既不会增多，也不会减少，位置一般不会变动。

几乎所有昆虫的头上都长有一对触角，这对触角对所有昆虫来说都相当重要。无论是寻找食物还是辨别方向，无论是向前行进还是寻找配偶，昆虫都要用到它们。它们是昆虫最重要的触觉器官和嗅觉器官，一旦失去，昆虫就面临着死亡。

蛾

益虫与害虫

广义的益虫指一切对人类有益的昆虫，包括资源昆虫，如家蚕、蜜蜂等；狭义的益虫主要指天敌昆虫，能捕食害虫或寄生于害虫体内。我们通常将有益于人类生产和生活的昆虫理解为益虫，常见的有蜜蜂、蜻蜓、螳螂等。

危害人类生产的害虫在农林业上比较常见。刺吸式害虫是农林作物害虫中较大的一个类群，它们主要蚕食嫩枝叶。还有一些栖息在土壤中的地下害虫，主要取食于刚发芽的幼根、嫩茎及叶部幼芽。除此以外，影响人类生活的蟑螂、苍蝇、蚊子等也被称为害虫。

蝇的头部特写

螳螂

蝉——高音歌唱家

▶▶ CHAN —— GAOYIN GECHANGJIA

夏季时我们常听到"知了知了"的虫鸣声，这种被我们称为"知了"的昆虫的学名叫作蝉。

破土而生的动物

蝉的幼虫"蛹"的人生是从地下开始的，它们会在地下生活至少两年，有的甚至十几年。在这段时间里，它们靠吸食树根的汁液为生，以积蓄自身的力量。当它们觉得储存的能量已经足够的时候，它们就会凭着生存的本能破土而出。

蝉蜕

蝉都会叫吗

蝉被称为"昆虫音乐家""大自然的歌手"，可见它那响亮而独具特色的叫声多么地深入人心。但所有的歌者都是雄性，这是因为雄蝉的肚皮上有两个名叫"音盖"的小圆片，它们相当于人类使用的喇叭，可以将声音扩大。在音盖的内侧有一层透明的薄膜，这薄膜就是声音的来源了，我们称其为"瓣膜"。当声音透过音盖这个大喇叭传出时，声音就变得高亢而洪亮了。而雌蝉的肚皮上没有音盖和瓣膜，所以雌蝉是名副其实的"哑巴蝉"。

不同的乐声

并不是所有的雄蝉都能发出"知了知了"的声音。不同种类的蝉，声音也有所不同。它们就像不同风格和类型的歌手那样，唱出的是一首首风格迥异的歌曲。有的像闹钟的嘀嗒声，清脆悦耳；有的似呜呜的风声，低沉有力。每当天气变化之时，它们会发出响亮的集合声；每当求偶的时候，它们会唱出温柔而委婉的歌声；当被捉住或受到惊吓的时候，它们会发出粗而尖厉的喊叫声。

长寿秘诀——补水大法

蝉的嘴是一根细长的硬管，这根管一天到晚都插在树干之中，不断地将树的营养与水分输送到蝉的体内。这是蝉用来延长寿命的秘诀。如此简单就能长寿，所以蝉每天都会高兴地边吸边唱歌呢！

角蝉

角蝉和蝉都是同翅目昆虫，都有"蝉"字，可长得差很多。角蝉喜欢生活在树上，头上长着一个高高的"角"，身体呈绿、蓝或古铜色，常有斑纹。如果不注意看，你会把角蝉当成一截枯树枝。当几只、十几只角蝉停栖在同一根枝权上时，它们还会等距排开，看上去和小树枝几乎一模一样。有了这种高超的隐蔽方法，角蝉就可以轻易地骗过敌人。

动物ID卡

蝉

别称：知了
特征：体长4～5厘米，翅膀薄，有针一样的中空口器，喜欢鸣叫
生存区域：气温较高的沙漠、草原和森林中

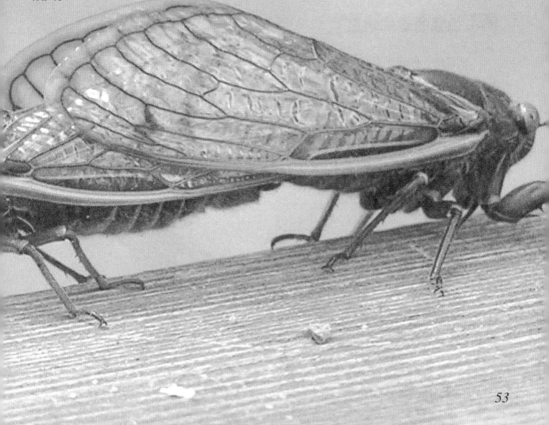

螳螂——凶猛的刀客

>> TANGLANG —— XIONGMENG DE DAOKE

螳螂是一种较大的昆虫，它们身体颀长，披着绿色、褐色或带有花斑的长外衣，经常出没于植物丛中捕捉害虫，因此是一种益虫。

经常"耍大刀"

螳螂的取食范围极其广泛，无论是天上飞的还是地上跳的，甚至水中游的，只要是身形小于自己的昆虫，它基本上都全单接收，有时连蜂鸟也不放过。它们常在农田或林区捕食害虫，令许多害虫闻风丧胆。

另外，螳螂只吃活虫，捕食时会用有刺的大刀——前足牢牢钳住它的猎物。

动物ID卡

螳螂

别称： 刀螂
特征： 头呈三角形，能灵活转动，触角细长；前肢呈镰刀状，带有细刺；凶猛
生存区域： 田间和林区的植物枝叶上
食物： 蚜虫、苍蝇等小型昆虫

凶猛的螳螂幼虫

螳螂是一种很凶猛的昆虫，而它们的幼虫也继承了父母的特点，从小就凶悍无比。每只雌螳螂一次一般会产卵约200个。小螳螂往往同时孵出。刚孵出的螳螂幼虫没有翅膀，但外形和成虫相似，有类似于成虫的刀状前肢。

小小的若虫（不完全变态昆虫的幼虫被称为若虫）从刚孵出的那一刻起就挥舞"小刀"迎向同类，许多把"小刀"拼杀在一起，场面极其惨烈。螳螂的凶残本性由此可见一斑。

🐾 雌螳螂为何吃掉丈夫

雌性螳螂竟有食用丈夫的习性，它们会咬住丈夫的头颈，一口一口地吃下去，吃到仅留下一双薄薄的翅膀。它们为何如此残忍呢？大多数专家都认为雌性螳螂产卵时需要很多的营养和极大的能量，而雄性螳螂的身体正好可以补充这些。也有的专家认为，螳螂在惊吓或无助的情况下会做出一些反常的举动，身形高大的雌螳螂很可能误吃了自己的丈夫。

苔藓螳螂

🐾 螳螂中的"仙子"与"魔鬼"

兰花螳螂喜欢生活在兰花丛中，算是最美丽的螳螂了。这种螳螂的若虫在第一次蜕皮之后，就会拥有白色和粉红色相间的外皮，就像一朵刚刚开放的兰花；长成成虫后，它们的体色又会变成美丽的浅黄色。

幽灵螳螂的家乡在马达加斯加，它们的身体像卷曲的树叶一样。对猎物来讲，幽灵螳螂真是不折不扣的魔鬼，虽然它们吃得少，而且一般不主动进攻，但是它们行踪诡异，行动果断，如果哪只小虫不小心靠近了它们，真是凶多吉少了。

螳螂捕食

热带褐色螳螂

55

蜻蜓——飞行高手

>> QINGTING —— FEIXING GAOSHOU

蜻蜓是益虫，它们特别喜欢吃蚊子等害虫，因而深受人们的喜爱。

飞行之王

蜻蜓的腹部细长，两对翅膀薄而透明，头颈显得轻盈灵巧，非常适合飞行。它们每秒钟可飞10米，既可突然回转，又可直入云霄，有时还能后退飞行。在海上长途飞行时，如果途中没有地方着陆休息，就必须忍受疲劳和饥渴一直向前飞行，否则就会葬身鱼腹！因此，有些蜻蜓居然能不停歇地飞行1000千米。在昆虫世界里，蜻蜓是理所当然的"飞行之王"。

蜻蜓

特征：身体细长；翅膀窄而透明，翅尖处常有斑纹；飞行高手
生存区域：池塘、河边等近水源的地方
食物：蚊子、苍蝇等飞虫

数不清的眼睛

蜻蜓的眼睛多得数不清。它们的眼睛又大又鼓，占据着头的绝大部分，且每只眼睛又由数不清的"小眼"构成，这些"小眼"都与感光细胞和神经连着，可以辨别物体的形状和大小。这种构造的眼睛被称为"复眼"。蜻蜓的视力极好，而且还能向上、向下、向前、向后看而不必转头。此外，它们的复眼还能测速。当物体在复眼前移动时，每一个"小眼"依次产生反应，经过加工就能确定出目标物体的运动速度。这使得它们成为昆虫界的捕虫高手。

蜻蜓交配

捕虫高手

　　蜻蜓不仅视力极好，而且飞行速度极快。它们经常现身于池塘或河边，一发现食物就会以惊人的速度飞近并以迅雷不及掩耳之势将飞虫捕获。除了小型的蚊子、苍蝇外，有的蜻蜓竟能捕食比自己身体还大的蝶类和蛾类，真可谓是捕虫高手啊！

为何要点水

　　我们常能看到蜻蜓在飞翔时用尾部碰触水面，这一画面很是美丽，我们称其为"蜻蜓点水"。这一现象之所以会出现，和蜻蜓的生殖习性是分不开的。和其他昆虫不同，蜻蜓的卵必须在水中才能孵化，而幼虫也必须在水中生活。所以，蜻蜓点水实际是雌蜻蜓在产卵。

你知道吗
NI ZHIDAO MA

　　在乡村或者城郊，蜻蜓曾是夏季极常见的昆虫，它们不仅是一道亮丽的风景线，还大量捕食蚊子等害虫。然而，由于人类的捕杀、河流和树丛的污染以及农药的大量使用，蜻蜓的数量已经越来越少了，很多地方都看不到它们满天飞舞的场景了。

蝴蝶——华丽的舞者

▶▶ HUDIE —— HUALI DE WUZHE

极乐鸟翼凤蝶

蝴蝶种类繁多，色彩绚丽，是人们喜欢观赏的对象。世界上已知的蝴蝶约有14000种，我国境内约有1300种，大多数分布在云南、海南等地。

🐾 作息时间有差异

蝴蝶包括夜伏昼出和昼伏夜出两大类。白天外出活动的蝴蝶，其触须光滑，端部像一根球棒；夜间出来的蝴蝶，有强壮而长满绒毛的躯体，以抵御夜间的寒冷。

🐾 美丽的翅膀

蝴蝶的翅膀之所以美丽动人、艳丽无比，全是翅膀上那些细小鳞片的功劳。这些鳞片不仅能组成各种美丽的图案，还能保护蝴蝶，为它们挡雨。因为鳞片之中含有丰富的脂肪，可以遇水不湿。这真是世上最美丽的雨衣了。

蝴蝶美丽的翅膀并不是为了让大家欣赏而生的，隐藏和伪装才是其真正的作用。蝴蝶绚丽的颜色起到了迷惑敌人、扰乱视线的作用。有时它们还利用自己独特的颜色躲入花丛之中隐藏起来，更有"高手"还能将自己伪装成一片枯叶（如枯叶蝶），令天敌难以发现。

> **动物ID卡**
>
> **蝴蝶**
>
> **特征**：翅膀宽大，颜色鲜艳且带有各种花纹，头部有一对棒状或锤状触角
> **生存区域**：山区、平原、高原等
> **食物**：幼虫吃植物叶片，成虫吸食花蜜和腐败瓜果的液体

毛虫

另类的"自卫"

美丽的蝴蝶有多样的自卫行为。有的蝴蝶被捉时会释放出恶臭，使敌人不得不马上远离；有的蝴蝶受惊时竟能摆出酷似眼镜蛇攻击前的姿势来恐吓敌人。

除了隐藏和伪装作用之外，蝴蝶翅膀上的图案还能起到恐吓的作用。比如有一种叫作"猫头鹰蝶"的蝴蝶，它的翅膀上有巨大的眼状斑纹，它的功能是显而易见的——模仿瞪大眼睛的猫头鹰的脸来恐吓附近的掠食者。

猫头鹰蝶

蝴蝶之最

亚历山大女皇鸟翼凤蝶是世界上最大的蝴蝶，双翅展开达30厘米。这种蝴蝶生活在所罗门群岛和巴布亚新几内亚，爱在树梢上飞来飞去，人们常常需要借助弓箭才能捕捉到它们。

小蓝灰蝶是世界上最小的蝴蝶，翅膀展开仅有7毫米，生活在阿富汗。我国西双版纳也有小型灰蝶，翅膀展开只有13毫米。

君主斑蝶是世界上飞行最远的蝴蝶，每年的11月，数百万的君主斑蝶大军浩浩荡荡地从加拿大东南部和美国东部山区飞到墨西哥城以西的"蝴蝶谷"，距离长达5000多千米。

世界上最贵的蝴蝶是一只亚历山大女皇鸟翼凤蝶的标本。1996年10月24日在法国巴黎一次拍卖会上，此标本以1800美元的高价卖出。

金凤蝶

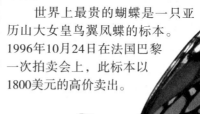

蜂——优秀的酿造者

▶▶ FENG —— YOUXIU DE NIANGZAOZHE

常见的蜂有蜜蜂、黄蜂、叶蜂、熊蜂等，它们长有毒刺，多善筑巢，多爱吃花蜜，有的爱吃肉。

勤劳善良的蜜蜂

蜜蜂是一种最勤劳也最忙碌的昆虫。它们以植物的花粉和花蜜为食，足或腹部长有由长毛组成的采集花粉的器官。蜜蜂按食性可分为多食性、寡食性和单食性几类。蜜蜂筑巢的本领极高，建筑的蜂巢既牢固又美观。

蜜蜂是一种群居的昆虫，每个蜜蜂群体都由蜂王、雄蜂和工蜂3种类型的蜜蜂组成。它们多而不乱，各司其职。工蜂数量最多，专门担任采集蜂蜜、筑巢、照顾蜂王和幼蜂等任务；雄蜂每群约有几十到几百只，任务是与蜂王交尾，使之产下后代；每个群体只有一个蜂王，它的职能是生产后代并维持整个蜂群的正常生活。

你知道吗

NI ZHIDAO MA

蜜蜂蜇人后会死去，因为它们尾端的毒针与内脏相连，所以毒针离开蜂体的时候，会将蜜蜂的内脏带出。而黄蜂蜇人后并不会死，因为毒针没有与内脏相连，丢掉毒针也不会将其内脏带出体外。所以黄蜂可以反复攻击敌人。

蜜蜂酿造的蜂蜜，其营养价值堪比牛奶；蜂王浆更是高级营养品；蜂毒具有一定的药用价值；蜂胶又有"紫色黄金"的美誉，是轻工业的重要原料。

性情暴躁的黄蜂

和勤劳可爱的蜜蜂相比，黄蜂抢夺、猎杀、蜇人，无恶不作。更可怕的是，它们几乎分布于世界各地。黄蜂身体细长，黄褐色或黑黄色相间，头部较大，翅膀短小。雌黄蜂尾端有钩状螯针，螯针中贮存着毒液。当黄蜂遇到攻击或不友善干扰时，会群起攻击。黄蜂的毒液可以让人产生过敏或中毒反应。

黄蜂喜欢采集花粉、花蜜和果实作为食物，也吃肉，蝉、蝗虫都是它们的美味。黄蜂生性霸道，常常抢夺其他蜂类的食物，而对方只能吃哑巴亏，因为弄不好自己也会被吃掉。

黄蜂也有筑巢的本领，它们能将啃嚼后的朽木、纸张等糊状纤维物质拌着分泌物来筑巢。黄蜂通常在树枝上或屋檐下筑巢，有的也在地上挖洞筑巢。

蜂巢内部

蜂巢外部

蚂蚁——强壮的大力士

蚂蚁有着极强的生存能力，是世界上抗击自然灾害能力最强的生物，是三大社会昆虫之一，也是昆虫世界中的智慧明星。

分工明确

蚂蚁生活在一个非常有组织的群体中，这个群体有严格的等级和分工：蚁后、雄蚁、工蚁、兵蚁。蚁后负责产卵，雄蚁负责与蚁后交配，工蚁负责建筑，照顾蚁后、卵和幼虫等，兵蚁负责保卫蚁群。通常绝大部分蚂蚁都是不具备生殖能力的雌性蚂蚁——工蚁，所以你捕捉到的蚂蚁一般都是辛勤劳动的工蚁。

蚂蚁行军

众多蚂蚁朝一个方向列队行进有两种情况。

其一是前方有较大、较多的食物。我们常常可以看到这样的情景，有许多蚂蚁排着长长的队伍，队伍从巢穴一直延伸到厨房的糖罐里。

其二是蚂蚁正在执行抓捕任务。当你看到排成宽带状队伍的蚁群时，那就不是运食物的工蚁了，而是兵蚁群，它们在执行抓捕奴隶的任务。兵蚁唯一的任务就是战斗。初夏，它们去袭击别的巢穴，并把其幼蚁和蛹掠来作为奴隶。当你发现兵蚁行进的队伍时，只要耐心地观察一会儿，便可以看到它们衔着战利品班师回"巢"的

蚂蚁

特征：身体呈节状，颜色有黑、褐、黄、红等；群居；建筑本领高
生存区域：土壤、树皮里，树叶下
食物：小昆虫，植物叶片、果实等

情景。如果不仔细观察这种兵蚁活动，你可能会误认为它们正乔迁新居呢！

 牺牲精神

曾有人亲眼见过这样一个场面：蚁穴附近着火了，几米外就是湿润的沼泽，蚁穴与沼泽被火焰隔开了。只见蚂蚁们迅速聚集起来，瞬间形成了一个巨大的黑色"蚂蚁球"，滚过火焰，冲向了沼泽。外层蚂蚁被烧得噼啪作响，但里层蚂蚁安然无恙。外层蚂蚁用自己的牺牲换回了种群的持续繁衍。

 蚂蚁为何力气大

在这个世界上，几乎没有人能够举起重量超过他自身体重3倍的物体，但小小的蚂蚁却能够举起重量超过它体重100倍左右的物体。它哪儿来的这么大力气？原来，在蚂蚁的脚的肌肉里含有一种十分复杂的磷的化合物，这种化合物相当于一种威力极强的"燃料"，能给蚂蚁的肌肉带来强大的动力，使肌肉的工作效率大大提高，因而产生了相当大的力量。

昆虫界的"别墅"

如果在昆虫的"房屋"中选出一套最为豪华的别墅，那无疑是蚁穴了。蚂蚁的巢穴规模庞大，道路四通八达，还有良好的排水和通风功能，坚固耐用，冬暖夏凉，住在里面既安全又舒适。

草茎上的大蚂蚁

63

苍蝇——细菌传播者

▶▶ CANGYING —— XIJUN CHUANBOZHE

苍蝇是我国的"四害"之一，它们生存力强，繁殖量大，在各处传播疾病，打不尽，灭不完，令人既厌烦又无奈。

🐾 昆虫中的"杂技师"

苍蝇体形粗壮，只有一对可运动的翅膀，另一对翅膀则退化成一对棒状的平衡器，使苍蝇能在飞行中保持平衡。苍蝇的前脚附有吸盘，可以紧紧吸住物体，在天花板上倒行是它的绝技。

> **动物ID卡**
>
> **苍蝇**
>
> **别称：**蝇子
> **特征：**身体粗壮，表面呈暗灰、黑灰等颜色，膜质翅膀；善飞翔；喜欢脏东西
> **生存区域：**见于全球各地，喜欢生活在温暖的室内

🐾 飞行高手

别看苍蝇长得貌不惊人，实际上，它们可是响当当的飞行高手，据统计，苍蝇的飞行速度可达数千米每小时。

🐾 喜好肮脏

无论是在垃圾点、臭水沟还是在粪尿池，你都能看到苍蝇的身影。越是肮脏发臭的环境，它们聚集的数量就越多。这与它们极强的适应力有着莫大的关系，更与

它们后代的特性有关。苍蝇的幼虫蝇蛆喜欢人畜粪便、腐败的动植物、垃圾和污水，所以苍蝇才常常生活在这样的环境中。

苍蝇头部特写

传播疾病

所有食物必须经苍蝇体内的嗉囊液溶解之后才能被苍蝇吸入，所以苍蝇吃东西之前必须先吐出嗉囊液，而此时，苍蝇消化道中的病原体会随之一同被吐出，将食物污染。人类食用被苍蝇污染过的食物就可能会得病。

不会生病

越是肮脏的地方，细菌越多，许多细菌能导致非常严重的疾病的产生。但是苍蝇整天待在这充满细菌的环境中却安然无恙，这是为什么呢？原来，细菌无法适应苍蝇的消化道，它们在那里最多只能存活五六天，要么随粪便一齐排出体外，要么就会死亡，因此也就无法使苍蝇生病了。

并非一无是处

肮脏的苍蝇十分令人讨厌，但它们也并不是一无是处。如果没有它们，我们的世界一定到处充满了垃圾，而苍蝇的幼虫还扮演着垃圾分解者的重要角色，并可作为饲料。活蝇蛆还有重要的医学价值，将之接种于伤口之中，可以杀菌清创。

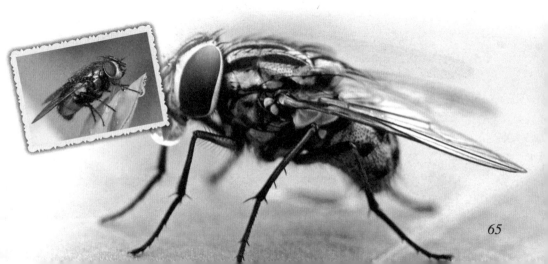

蚊子——防不胜防的"吸血鬼"

>> WENZI —— FANGBUSHENGFANG DE "XIXUEGUI"

蚊子体形虽小,但对人类的影响却极大,经常令我们烦躁不安,无法入睡。和苍蝇一样,蚊子也会传播疾病,是一类极其令人讨厌的昆虫。

🐾 种族庞大

全世界的蚊子大约有几千种,比较常见的可分为3类:一类叫伊蚊,身上有黑白斑纹,因而俗称"花蚊子";另一类叫按蚊,停息时腹部向上抬起;第三类叫库蚊,常在室内或住宅附近活动。

🐾 雌蚊才吸血

蚊子有雌雄之分,一般情况下,它们都喜欢吸食花蜜或植物的汁液。繁殖时期,雌蚊必须吸食血液来促进卵的成熟,进而繁殖出下一代。所以说,叮人的是雌蚊,而不是雄蚊。

因为蚊子的头上和腿上长着触角和刚毛,对湿度、温度、汗液都很敏感,所以它们常爱叮易出汗又不爱洗澡的人。在吸血的过程中,雌蚊可以将一些疾病传播给人类。

蚊子每次叮咬吸吮大约几千分之一毫升的鲜血。每次饱餐一顿之后,它们就在出生地数千米范围内活动。人被叮咬后,皮肤常常出现起包和发痒的症状,这是因为蚊子的唾液中含有一种特别的物质,这种物质具有舒张血管和

蚊子

抗凝血的作用，这种作用使血液更容易汇流到被叮咬处，从而使皮肤变得红肿。

🐾 花式飞行

蚊子有一对发达的前翅，后翅退化成了棒状物体。这并不影响它的飞行能力，反而会使它的平衡性更强，无论是侧飞、倒飞、回旋，甚至于在空中翻筋斗，都一样自如。这种花式飞行真叫其他昆虫羡慕啊！

🐾 蚊子的一生

蚊子的一生经历了卵、幼虫、蛹、成虫4个阶段。卵被成虫产于水面，一两天后孵化成了水生的幼虫——孑孓；孑孓会经历4次蜕皮，而后成长为蛹；蛹会漂浮在水面之上随波逐流，游荡两三天后，蛹的表皮就会出现裂痕，继而幼蚊诞生。蚊子的一生十分短暂，雌蚊的成活期为3～100天，而雄蚊仅有10～20天。

动物ID卡
蚊子
特征：身体和脚细长，口器为刺吸式；雌蚊、雄蚊吃的东西不同
生存区域：池塘、河流等近水域的地方；室内
食物：植物汁液、人畜血液

蜣螂——除粪高手

▶▶ QIANGLANG —— CHU FEN GAOSHOU

说起蜣螂可能有人不知道它是什么，但要提起屎壳郎，想必是尽人皆知。其实，蜣螂就是人们所说的屎壳郎。蜣螂经常会和粪球一起出现，这种浑身披着黑褐色盔甲的昆虫是自然界中最勤劳的清洁工。

蜣螂

自然界的清道夫

世界上有两万多种蜣螂，分布在除南极洲以外的任何一块大陆上。最著名的蜣螂生活在埃及，体长1~2.5厘米。世界上最大的蜣螂可达10厘米长。

蜣螂的口味很独特，既不喜欢娇嫩多汁的青草，也不喜欢甘甜的瓜果，反而喜欢臭烘烘的粪便。因为它们经常将动物的粪便吃掉或者掩埋，所以有"自然界清道夫"的美称。它们的这一习性，对肥沃土壤的形成有着非常积极的作用。

为什么要滚粪球

一说起蜣螂，人们可能会立刻想到两只蜣螂一前一后地滚动着粪球的情景。其实，滚粪球这种行为并不仅仅是搬运食物那么简单。大多数雌蜣螂在繁殖的时候会将粪球滚成梨子状，然后把卵产在其中，再埋在土壤里。几天之后，小蜣螂就会从埋着粪球的土壤中爬出来。

动物ID卡

蜣螂

别称：屎壳郎
特征：身体呈黑色或褐色，带硬壳，稍带光泽；穴居；爱滚粪球
生存区域：粪堆中
食物：动物粪便

锹甲虫——神勇的斗士

锹甲虫又叫"锹形甲"，因雄性头部长有两只大"角"而得名。

锹甲虫

锹甲虫的卵是如何长大的

雌性锹甲虫会把卵产在腐烂的木头上或树桩的根部。孵化出的幼虫会以腐朽的木屑为食。令人惊奇的是，幼虫会将自己咀嚼过的木纤维筑成类似于屋室的小空间，自己在内化蛹。这一变化过程是极其漫长的，一般要经历3年的时间。蛹最后会破裂，幼年的锹甲虫就诞生了。

"大角"的作用

锹甲虫的"大角"其实是形状像角的颚。有的颚长达两厘米，是雄性锹甲虫战斗时必用的有力武器。每到傍晚，常常会看到雄性锹甲虫站在石头或木头上，那向天的双角像两把尖刀，分外吓人。它们就是这样防范敌人、保卫领地的。如果入侵者还不后退，双方就会厮打起来，通常胜利者都会用两只大角夹住对方的肚子，将其高高举起，然后重重地摔到地上。

锹甲虫

锹甲虫如果缺乏营养，"大角"就无法正常地生长。很多没有角的锹甲虫就是因食物不足而产生的，而这类锹甲虫未来的生活也会因此而倍加艰辛。

> **动物ID卡**
>
> **锹甲虫**
>
> **别称**：锹甲、锹形虫
> **特征**：上颚发达；好斗
> **生存区域**：落叶林地、森林
> **食物**：成虫吃树汁、花蜜、水果等；幼虫吃木屑

正在格斗的锹甲虫

Chapter3

第三章

鸟 类

鸟的特征

>> NIAO DE TEZHENG

鸟 是一种全身披有羽毛、体温恒定、大
多可适应飞翔生活的卵生脊椎动物。
人们常将鸟比作天空中的精灵，实际上并不
是所有的鸟都会飞翔。

外形与皮肤

为了适应飞翔的生活，减少飞行时的
阻力，鸟类的身体都呈流线型，皮肤薄而
有韧性，上面生着羽毛。羽毛除了能帮助
鸟类飞翔外，还有护体和保温的作用。根
据羽毛构造和功能的差别，可将其分为正
羽、绒羽和纤羽3种。

体内特征

鸟类的骨骼中空，充满空气，因此鸟骨坚固又轻便。鸟的胸肌发达，对维持飞
行时的平衡有重要作用。

鸟的食道细长，胃肌发达，消化能力
极强，因此它们可以很快地吸收食物中的
营养并排泄废物以减轻体重。它们几乎都
没有膀胱，尿也会随粪便一起排出。

习性

    鸟类可以产下硬壳卵，并有一系列孵化和养育雏鸟的特殊行为。部分鸟类为了适应生存的需要还具有季节性迁徙的习惯。

    大多数鸟类都是在白天活动，也有少数鸟类在黄昏或者夜间活动。它们的食物多种多样，包括花蜜、种子、昆虫、鱼、腐肉等。

分类

    鸟的分类方法很多，一般将其分为走禽、游禽、涉禽、陆禽、猛禽、攀禽、鸣禽等。

    走禽不能飞翔，善于行走或奔跑，如鸵鸟。游禽大多是水栖鸟类，嘴宽而扁平，边缘有锯齿，身体像一艘平底船，如野鸭。涉禽体态高雅，身体常常弯曲成"S"形，如丹顶鹤。陆禽主要在陆地上栖息，大多数体格都很健壮，不适于远距离飞行，如孔雀。猛禽大多数是掠食性鸟类，如老鹰。攀禽脚短健，趾端有尖利的钩爪，尾羽羽轴粗硬而有弹性，善于攀爬，如啄木鸟。鸣禽是鸟类中进化得最好、数量最多的类群，它们体态轻盈，善于鸣啭、筑巢，如黄鹂。

鸟的巢穴

    鸟多在繁殖期间建巢穴，不是为了自己住得舒适，而是为了孵卵，让宝宝安全地成长。鸟建巢是一项十分浩大而艰巨的"工程"，要付出艰辛的劳动。据统计，一对灰喜鹊在筑巢的四五天内，共衔取巢材666次，其中枯枝253次，青叶154次，草根123次，牛、羊毛82次，泥团54次。

    鸟的巢穴千奇百怪：有的建在树枝上、草丛中，有的建在树洞、土洞、乱石堆中。有的鸟单独建巢，有的鸟集体合作，集中在一处建巢孵卵……

鸵鸟——最大的鸟

▶▶ TUONIAO —— ZUI DA DE NIAO

鸵鸟是世界上现存的最大的鸟，身高可达3米，光秃秃的长脖子上托着个小小的头，嗅觉和听觉都很灵敏。

🐾 鸵鸟家族

根据地理位置可将鸵鸟分成6类，分别是北非鸵鸟、阿拉伯鸵鸟、蓝颈鸵鸟、索马里鸵鸟、马赛鸵鸟和南非鸵鸟。其中，北非鸵鸟是现存数量最多的种类，最早被发现于北非撒哈拉沙漠南部，但目前在原产地已绝迹，在其他栖息地的数量也在减少中。阿拉伯鸵鸟分布于叙利亚与阿拉伯的沙漠中，是所处地理位置最靠北的鸵鸟，曾是数量最多的种类，但已经于1941年绝种。

鸵鸟蛋

🐾 鸵鸟"幼儿园"

大多鸵鸟都群居。它们的蛋是世界上最大的蛋，重量可达1.5千克，外表圆润光滑，颜色为乳白色且有光泽。雏鸟由父母共同抚养。小雏鸟从小就像小朋友一样生活在鸵鸟"幼儿园"里，由一至两名"老师"看守。雏鸟在一起快乐地成长。

🐾 胆子小，本领大

鸵鸟的胆子很小，对周围的环境时刻保持警惕，一旦发现敌情，就会撒腿而逃。鸵鸟不会飞，但是它们的后肢很发达，非常擅长奔跑、跳跃，一步可跨8米，时速可达70千米，所跳高度可达3.5米。一旦逃不掉，鸵鸟会抬起它们强而有力的双腿踢敌人。

🐾 有效率的采食者

沙漠中的食物稀少而分散，为了填饱肚子，鸵鸟锻炼成了相当有效率的采食者，这都要归功于它们开阔的步伐、长而灵活的脖子以及

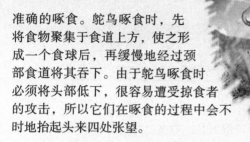

准确的啄食。鸵鸟啄食时，先将食物聚集于食道上方，使之形成一个食球后，再缓慢地经过颈部食道将其吞下。由于鸵鸟啄食时必须将头部低下，很容易遭受掠食者的攻击，所以它们在啄食的过程中会不时地抬起头来四处张望。

小鸵鸟

🐾 "鸵鸟战术" 是谣言

据说鸵鸟遇见敌人的时候，会把脑袋插到沙子里，它们觉得自己看不见敌人，敌人也就看不见它们。这种传言流传甚广，人们甚至根据这个不实的说法造出了"鸵鸟战术"一词。根据世界野生动物基金会介绍，鸵鸟对危险做出的反应是坐在鸟巢上，把头低向地面，据说这样可以让敌人误把它们看成白蚁堆或者是低地的矮树丛。

动物ID卡

鸵鸟

特征：头小，眼大，脖子细长，双腿健壮；善跑
生存区域：非洲和阿拉伯沙漠地带
食物：植物及昆虫、蜥蜴等小动物

企鹅——优雅的绅士

▶▶ QI'E —— YOUYA DE SHENSHI

企鹅身体肥胖，生活在寒冷的南极。目前已知的企鹅共有18种，有王企鹅、帝企鹅、阿德里企鹅、帽带企鹅、黄眼企鹅、白鳍企鹅等。

🐾 结构独特

企鹅羽毛密度比同一体形的鸟类大3~4倍，这些羽毛的作用是调节体温。企鹅双脚的骨骼坚硬，翼很短，这些使它们可以在水底"飞行"。企鹅双眼由于有平坦的眼角膜，所以可在水底看东西。

动物ID卡

企鹅

特征：身体呈流线型，双脚生在身体最下部，前肢呈鱼鳍状，背部黑色，腹部白色；性格温和；不怕冷
生存区域：南极洲
食物：小鱼、磷虾等

🐾 最不像鸟的鸟

在所有的鸟中，企鹅是长得最不像鸟的鸟。企鹅走起路来十分滑稽，简直就像老年绅士。企鹅的生活方式和大多数鸟有着明显的区别：既不能在天上飞，也不能在地上奔跑。

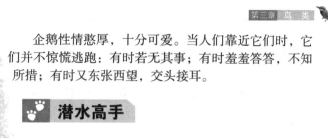

企鹅性情憨厚，十分可爱。当人们靠近它们时，它们并不惊慌逃跑：有时若无其事；有时羞羞答答，不知所措；有时又东张西望，交头接耳。

潜水高手

企鹅是鸟类中最出色的潜水员，到了水里，企鹅似乎一下子就找到了感觉，变得异常灵活。它的翅膀变成了桨，脚也变成了尾鳍。靠着流线型的体形，它在水里来去自如。不过，企鹅毕竟不是鱼，和别的鸟一样，它也要呼吸空气。企鹅无法一直待在水中，不过可以在水下一口气待20分钟。

企鹅的幼儿阶段是在雄企鹅的脚背上和身边度过的，雄企鹅既是父亲又是保育员，对小企鹅照顾得十分细致。

企鹅在北极可以生存吗

按理说，企鹅是可以适应北极的气候的。据研究发现，北极也曾居住过一种"大企鹅"，但是由于北极探险家和移民者的相继到来，"大企鹅"因人们的大肆捕杀而灭绝。而南极企鹅无法去往北极的原因是，它们无法忍受穿越赤道时遇到的温暖水流。对于企鹅来说，人迹罕至的南极无疑已成了它们最安全的栖息之地。

孔雀——鸟类中的模特

▶▶ KONGQUE —— NIAOLEI ZHONG DE MOTE

孔雀是世界上最美丽的鸟类之一，也是吉祥、善良、美丽、华贵的象征，深受人们的喜爱。

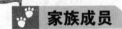

家族成员

孔雀是世界著名的观赏鸟，主要有3种：生活在我国云南南部和东南亚等地的绿孔雀，生活在印度和斯里兰卡等地的蓝孔雀，以及数量稀少的由蓝孔雀变异而成的白孔雀。

为什么白孔雀稀少呢？原来在雌孔雀眼里，雄白孔雀的单调色彩没有蓝孔雀和绿孔雀的羽色鲜艳，缺少吸引力。白孔雀因为没有优势，所以在遗传基因的作用下，白孔雀很少出现。

美丽非凡

孔雀的羽毛色彩绚烂，以翠绿、亮绿、青蓝、紫褐等色为主，并带有金属光泽。雄孔雀体长2.2米左右，包括长达1.5米的尾羽。尾上覆盖着的羽毛延长成尾屏，上面有五色金翠线的花纹，开屏时非常艳丽。每当孔雀开屏时，它那光彩夺目的尾羽就如同一把漂亮的扇子，十分引人注目。

鸡的近亲

孔雀属于雉科，和鸡是近亲，因此它们的一些习性与鸡很相似。它们行走时总是和鸡一样边走边点头，翅膀也和鸡一样不太发达，飞

行速度很慢。它们的腿都强健有力，它们可以小步快走，逃跑时甚至还能大步飞奔。

孔雀为何要开屏

有人认为孔雀开屏是在和自己比美，其实不是这样的。孔雀开屏最多的时节是春季三四月份。孔雀开屏时节，也是它们的繁殖季节。因为雄孔雀要在雌孔雀面前展示自己的美丽，千方百计博得雌孔雀的"欢心"，所以这种行为是雄孔雀本身生殖腺分泌出的性激素刺激的结果。

孔雀开屏的另一个原因，就是保护自己。在孔雀的大尾屏上布满了类似"眼睛"的斑纹，一旦遇到敌人且又来不及逃避时，孔雀就会突然开屏，然后用力地抖动尾羽，发出"沙沙"的声音。这个"多眼怪兽"威力极大，常会令敌人不敢近前，最后因畏惧而逃之夭夭。

你知道吗
NI ZHIDAO MA

有些鸟类经常在地面上活动，因此被称为陆禽。它们体格健壮，腿和脚强壮而有力，爪为钩状，很适于在陆地上奔走及挖土寻食。松鸡、马鸡、孔雀等都属于这一类。

猫头鹰——最冤屈的鸟

▶▶ MAOTOUYING —— ZUI YUANQU DE NIAO

猫头鹰头部宽大，正面的羽毛排列成面盘，使得头部与猫极其相似，故而得名"猫头鹰"。我国常见的种类有雕鸮、鸺鹠鸟、长耳鸮和短耳鸮。不太常见的典型猫头鹰品种存在于北美，包括雪鸮、鹰鸮、大灰猫头鹰等。

👣 闻名于世的夜猫子

我们常将能熬夜、很晚睡觉的人称为"夜猫子"，而这个夜猫子，最早指的就是猫头鹰。猫头鹰中的绝大多数都是夜行性的，白天它们常常隐匿于树丛、岩洞或屋檐中，很难被人发现。到了晚上，它们却精神百倍、活跃异常。

猫头鹰的视力虽然很好，但是眼睛却不会动。如果猫头鹰想看看四周，唯一的办法是转头，其脖子能转270度，而且转得非常快。

👣 奇特的消化功能

猫头鹰的食物以鼠类为主，但也吃昆虫、小鸟、蜥蜴、鱼等动物。它们吃东西可谓是狼吞虎咽，经常将猎物整个吞下去。它们的嗉囊具有消化能力，能将消化不了的骨骼、毛发、羽毛等残渣集结成块状，从口腔吐出，我们将其称为"食丸"。

👣 为猫头鹰正名

我国古代民间常把猫头鹰当作不祥之鸟，把它们当作厄运和死亡的象征。产生这些看法的原因可能是猫头鹰长相古怪，两眼放光，使人感到惊恐；它们的两耳直立，令人想起神话中长着双角的怪兽；它们的叫声也比较凄凉，在黑夜之中听起来更觉得阴森恐怖。正因如此，人们一见到猫头鹰就本能地产生了一些可怕的联想。猫头鹰就这样无辜背上了罪名。

常常打响"闪电战"

在漆黑的夜晚，猫头鹰的视力却好得惊人，一旦判断出猎物的方位，就会迅速出击，毫不犹豫。猫头鹰的羽毛极其柔软，飞行时产生的声波频率极低，这无声的出击更令被袭击者措手不及，这场战争变成了名副其实的"闪电战"。

很多猫头鹰住在树洞里

鹈鹕——大嘴巴的捕鱼高手

褐鹈鹕

鹈鹕个头很大，体长可达两米，嘴长，嘴下有个如袋子般的喉囊，能装食物。

🐾 捕鱼高手

鹈鹕在野外常成群生活，每天除了游泳外，大部分时间都是在岸上晒太阳或耐心地梳理羽毛。它们善于游泳和飞翔，目光锐利，即使在高空飞翔时，水中的鱼也逃不过它们的眼睛。

如果成群的鹈鹕发现鱼群，它们便会排成直线或半圆形进行包抄，把鱼群赶向河岸水浅的地方，然后张开大嘴，浮水前进，连鱼带水一起吞入囊中，再闭上嘴巴，收缩喉囊把水挤出来，便将鲜美的鱼吞入腹中。

🐾 尽职尽责的父母

每到繁殖季节，鹈鹕便选择在芦苇丛中的浅水处或湖边泥地筑巢，有的也在树上筑巢。鹈鹕通常每窝产2~3枚卵，卵为白色，大小如同鹅蛋。小鹈鹕的孵化和抚育任务，由父母共同承担。小鹈鹕孵化出来后，鹈鹕父母便将自己半消化的食物吐在巢穴里，供小鹈鹕食用。小鹈鹕再 长大一点时，父母就将自己的大嘴张

白鹈鹕

鹈鹕捕鱼

开，让小鹈鹕将脑袋伸入它们的喉囊取食。

褐鹈鹕

卷羽鹈鹕

体长1.6～1.8米。嘴铅灰色，长而粗，嘴的后半段均为黄色，前端有一个黄色爪状弯钩。下颌上有一个橘黄色或淡黄色的大皮囊。头上的冠羽呈卷曲状，故称"卷羽鹈鹕"。

白鹈鹕

比卷羽鹈鹕小，体长1.4~1.75米，体形粗短肥胖，颈部细长。与卷羽鹈鹕不同的是，白鹈鹕的嘴虽然也是长而粗直，但呈铅蓝色，嘴下有一个橙黄色的皮囊；黑色的眼睛在粉黄色的脸上极为醒目；脚为肉红色。

白鹈鹕

斑嘴鹈鹕

斑嘴鹈鹕体长1.34~1.56米，体重10~12千克。嘴长而宽大，有蓝黑色斑点，上喙尖端呈钩状，下喙具有发达的暗紫色皮质喉囊。颈部较长，呈白色，枕部具有粉红色羽冠，后颈部有一条粉红色翎羽。

斑嘴鹈鹕

翠鸟——跳水健将

>> CUINIAO —— TIAOSHUI JIANJIANG

翠鸟天性孤独,平时常独自栖息在近水边的树枝或岩石上,伺机捕食鱼、虾等。翠鸟一般体长约15厘米,是常见的留鸟。

🐾 凿洞专家

每年4~7月,翠鸟会在水边的土崖或堤岸的沙波上掘洞,建造自己的家。翠鸟所掘的洞有时会深达2.5米。雌翠鸟挖洞时,雄翠鸟会把鱼送来,它们配合得非常默契。翠鸟的巢室呈球状,直径约16厘米,巢内铺以鱼骨和鱼鳞等物。造完巢后,翠鸟夫妻就开始准备生儿育女。雌鸟每年春夏季节产卵,每窝可产卵达5~7枚。

🐾 跳水健将

翠鸟不善于泅水,但却是杰出的"跳水健将"。它们常常站在水边的树枝或者岩石上,静静地注视着水中游动的鱼,一旦看准了目标,就像一颗出膛的子弹一样射入水中。翠鸟潜入水中后,还能保持极佳的视力,因为它们的眼睛进入水中后,能迅速调整在水中由光线造成的视角反差。所以翠鸟的捕鱼本领高超,几乎是百发百中。当它们捕到鱼后,就像从深水下发射的火箭一样,叼着鱼快速钻出,飞回原来站立的地方。

🐾 家族成员

翠鸟分水栖翠鸟和林栖翠鸟两大类。两类翠鸟常采取伏击的方式捕食。水栖翠鸟是捕鱼的高手,除了鱼外也捕食其他水生动物,是翠鸟中最常见的类群。林栖翠鸟包括笑翠鸟和几种翡翠,捕食各种昆虫和小动物。中国的翠鸟有3种:斑头翠鸟、蓝耳翠鸟和普通翠鸟。最后一种较常见,分布也广。

翠鸟中体形最大的是产在大洋洲的笑翠鸟，其体长35厘米左右。之所以叫"笑翠鸟"，是因为其叫声好像人的笑声。笑翠鸟不仅会"笑"，而且以杀蛇捕鼠而著名。大洋洲人对笑翠鸟十分喜爱，倍加保护。

白胸翡翠身长28厘米左右，颏、喉及胸部均是白色；头、颈及下体余部为褐色；上背、翼及尾呈蓝色，鲜亮闪光。

蓝翡翠身体长约30厘米，特征是头顶黑色，翅膀上有黑色的羽毛，上体为亮丽华贵的蓝色或紫色。

动物ID卡

翠鸟

别称：钓鱼郎
特征：体形矮小短胖，嘴长而直，羽毛华丽；机警
生存区域：栖息于河流、湖泊附近
食物：小鱼、小虾等

翠鸟出水瞬间

蓝翡翠

秃鹫——光头清洁工

▶▶ TUJIU —— GUANGTOU QINGJIEGONG

秃鹫又叫秃鹰、坐山雕。因其会长时间地栖息在高山裸岩上纹丝不动，像一个雕塑一样，故而得名"坐山雕"。成年秃鹫全身棕黑色，头部有褐色绒羽，颈部裸出，呈铅蓝色。

秃鹫

🐾 高原上的"清洁工"

秃鹫是高原上的一种大型猛禽，体长约1.2米，两翼张开后身体大约有2米宽。它们常单独活动，但在食物丰富的地方偶尔也聚成小群。

秃鹫的嘴锋利而且带钩，可以很容易地撕开坚韧的牛皮。它们主要靠啄食尸体腐肉为生，每天都在为高原清理动物尸体，是不折不扣的"清洁工"呢！

动物ID卡

秃鹫

别称：坐山雕
特征：体形硕大，多数光头，脖子根部长有一圈较长的羽毛，嘴呈钩子状；性格凶猛
生存区域：分布在非洲、亚洲、欧洲等地的高山、草原地区
食物：以动物的尸体和小动物为主

🐾 围餐巾的"光头"

大多数秃鹫都是名副其实的光头，脑袋几乎没有毛，这种裸露的头能非常方便地伸进尸体的肚子内啄食内脏。虽然头顶上光溜溜，但是它们的脖子下部却长了一圈比较长的羽毛，看起来就像是我们吃饭时候围的餐巾，其实其作用也和餐巾差不多，主要是为了防止啄食尸体时弄脏身上的羽毛。

🐾 会变色的脖子

秃鹫的脖子本是铅蓝色的，但是在争抢食物的时候脖子就会变成鲜艳的红色。这种红色其实是在警告其他秃鹫不要靠过来。如果两只秃鹫为了争抢食物而大打出手，失败的那只脖子会变成白色，过一会儿才会恢复成铅蓝色。

🐾 任劳任怨的鸟爸爸

　　雄秃鹫堪称鸟中典范。当雌秃鹫产下卵时，雄秃鹫不仅负责提供食物，还参与孵卵。宝宝破壳而出后，雄秃鹫每天辛辛苦苦地四处觅食，一回到家里，马上张开大嘴，把吞下去的食物统统吐出，先给雌鸟吃较大的肉块，然后再耐心地给幼鸟喂碎肉浆。秃鹫的胃口很大，每次都要吃到脖子都装满食物为止。因而，雄秃鹫带回来的食物常被雌秃鹫和幼鸟吃得精光。

黄鹂——鸟中歌唱家

黄鹂因鲜黄的羽毛遍布全身而得名。它们不仅颜色艳丽，而且鸣声悦耳。

鸟中歌唱家

我们常常能听到黄鹂在树上婉转地歌唱，但循声望去时，却无法见到"歌手"的踪影。这是因为黄鹂胆子特别小，为了避免受到惊吓或遭受伤害，它们往往选择隐藏在密集的树叶后而不是站在高高的树顶上。也正因如此，我们才常常"不见其人，但闻其声"。

动物ID卡

黄鹂

别称： 黄莺
特征： 羽毛鲜黄，嘴短而粗壮、颜色粉红；叫声动听
生存区域： 主要分布于除新西兰和太平洋岛屿以外的东半球温热带地区
食物： 昆虫和果实

事实上，黄鹂并不是每天都唱歌的，只有在4~9月这段时间里，它们才会唱出美妙多变、富有音韵的歌曲。那洪亮清脆的叫声有时像在呼唤人们"快来坐飞机——"，有时又像嗓音尖厉的猫的叫声，事实上，这是雄鸟在繁殖期间吸引雌鸟的一种方式。

高超的编织家

为了让宝宝有个舒适的家，在生儿育女前，雌黄鹂和雄黄鹂都要忙碌起来，它们会用树皮、草茎、植物纤维等编织成一个类似于篮子的巢，并将巢悬挂在两个水平的枝杈间，样子就像我们人类的吊床。相信小宝宝睡在这里一定很舒服吧！

几维鸟——鸟中胆小鬼

几维鸟又名"鹬鸵"，它们的体形就像个大鸭梨，全身长满了蓬松细密的羽毛，看起来极为可爱。虽然几维鸟的个头与普通的大公鸡差不多大，但下的蛋却可比一般的鸡蛋大5倍。

🐾 鸟类中的胆小鬼

几维鸟单纯又脆弱，特别容易受到惊吓，一个稍大的声响，一个猛然蹿出的身影，一个落到身边的石块……都会令它们心惊胆战，甚至迈不动步。为了避免各种危险的发生，它们选择在安静的夜间出来活动。

🐾 灵巧的器官

几维鸟的脑袋上长着一对大大的耳孔，这对奇特的耳孔极其灵敏发达，使得几维鸟能够清楚地知道周围环境的变化，以便早做逃跑或隐藏的准备。

几维鸟的鼻子长在嘴的最前端，靠着它，几维鸟可以找到自己爱吃的各种昆虫，哪怕是藏在距地面30厘米的泥土中的小虫。

几维鸟的翅膀已经退化，短小的翅膀无法承载起相对庞大的身躯，所以它们无法像很多鸟类那样自由飞翔。但它们的腿却进化得越来越有力，越来越粗壮。这双腿极善奔跑，时速可高达6千米。

几维鸟与鸸鹋一样，
都是大洋洲的特产

动物ID卡

几维鸟

别称：鹬鸵
特征：羽毛柔软，翅膀短小；胆小，易受惊；昼伏夜出
生存区域：新西兰
食物：蚯蚓、虫子和其他无脊椎动物

杜鹃——既好又坏的双面鸟

▶▶ DUJUAN—— JI HAO YOU HUAI DE SHUANGMIANNIAO

杜鹃是一种典型的巢寄生鸟类。它们通常栖息于植被稠密的地方，但是我们可以经常听到它们的叫声。

🐾 无敌大嗓门

杜鹃是一种嗓门极大的鸟。春天到来时，到处可以听到它们的叫声，它们像是在催人们不要误了农忙一样。另外，每到繁殖期间，它们就会站在乔木顶枝上鸣叫不息，甚至晚上也会鸣叫或者边飞边鸣叫。它们的叫声很洪亮，在很远的地方都能听到。杜鹃每分钟能够反复叫20次。它们的叫声很像"布谷！布谷！"或者"早种苞谷！早种苞谷！"所以这种鸟也被叫作布谷鸟。求偶时，杜鹃的叫声时而清脆、悠扬，悦耳动听；时而低沉、沉闷，令人惆怅、忧伤。

🐾 森林卫士

杜鹃虽然育雏的习性不是很好，但它们

却是著名的嗜食"松树大敌"——松毛虫的鸟类。松毛虫是许多鸟类不喜欢吃的害虫，而杜鹃却偏喜欢这种虫子的味道。一只杜鹃每天能捕食100多条松毛虫。另外，杜鹃也吃其他农林害虫，所以是名副其实的"森林卫士"。

🐾 小杜鹃的"义父母"

杜鹃是典型的巢寄生鸟类，它们不筑巢、不孵卵、不哺育雏鸟，这些工作全由小杜鹃的"义父母"代劳。每当春夏之交时，雌杜鹃在产卵前会用心寻找画眉、苇莺等小鸟的巢穴，等目标选定后，便充分利用自己和鹞形状、大小及体色都相似的特点，从远处飞至。杜鹃飞翔的姿势很像猛禽岩鹞，它们飞得很低，并且还一会儿向左、一会儿向右地急剧转弯，有时还会拍打翅膀，而且声音很响。杜鹃做出这一切都是为了恫吓正在孵卵的小鸟。当孵卵的小鸟看见低空翱翔而来的猛禽时，往往吓得弃家逃命。这时，杜鹃的目的就达到了。那么，杜鹃是怎样把自己的蛋丢进别人的巢中呢？通常，杜鹃会直接在窝里产蛋，而对于太小或是难以钻进去的鸟巢，它们就会先产下蛋，然后用喙小心地把蛋放到鸟窝中。但是，在放自己的蛋之前，杜鹃常常会把巢中其他鸟的蛋吃掉或扔掉一个。虽然杜鹃的体形比一些小鸟大得多，可是它们产的蛋却很小，再加上杜鹃的蛋与巢主鸟的蛋在形状、色彩等方面很相似，所以就可以鱼目混珠了。

动物ID卡

杜鹃

别称：布谷鸟
特征：体形细长，尾巴较长，多数种类为灰褐或褐色
生存区域：多数居住在热带到温带地区的树林中
食物：松毛虫等

鸳鸯——喜欢出双入对的鸟

▶▶ YUANYANG — XIHUAN CHUSHUANGRUDUI DE NIAO

鸳鸯是一种经常出现在中国古代文学作品和神话传说中的鸟类。它们体长41~49厘米，翼展65~75厘米，鸳指雄鸟，鸯指雌鸟。

🐾 漂亮的鸳鸯雄鸟

　　鸳鸯总是出双入对地在湖泊中嬉戏觅食，鸳鸯雄鸟和鸳鸯雌鸟在外观上有很大的区别。但是你千万不要认为羽毛漂亮的那只是雌鸟，鸳鸯和孔雀一样，雄鸟反而更加美丽。雄性鸳鸯羽毛的色彩非常艳丽，喙为少见的鲜红色，端部具亮黄色嘴甲。额头处是具有金属光泽的翠绿色，脖子上有暗绿和紫色的羽毛，这使雄鸟好像戴上了一个"头套"。鸳鸯雄鸟腰部和背部长有带有金属光泽的褐色或绿色羽毛，最具有特色的是雄鸟位于背部的"三级飞羽"，就像一个帆船的小帆，十分帅气。相比而言，鸳鸯雌鸟就逊色多了，它们通体为暗淡的灰色，也不具有雄鸟所具有的帆状三级飞羽，看起来就像一只鸭子。

🐾 快乐的居家生活

　　鸳鸯不但出双入对，还喜欢集体活动，一般20多只为一组。每天在晨雾尚未散尽的时候，它们就会从夜晚栖息的丛林中飞出来，聚集在水塘边，在有树荫或芦苇

丛的水面上漂浮、取食，然后再飞到树林中去觅食。一两个小时后，又先后回到河滩或水塘附近的树枝或岩石上休息。傍晚时会飞回树丛中或岩洞里睡觉。有时它们在水面上玩累了，还会漂浮着打盹。每天都是如此，生活安逸而快乐。

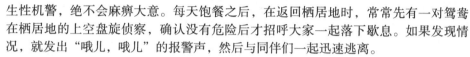

安逸却不"大意"

鸳鸯的生活虽然很安逸，但是它们生性机警，绝不会麻痹大意。每天饱餐之后，在返回栖居地时，常常先有一对鸳鸯在栖居地的上空盘旋侦察，确认没有危险后才招呼大家一起落下歇息。如果发现情况，就发出"哦儿，哦儿"的报警声，然后与同伴们一起迅速逃离。

抚养幼鸟

在生产之前，鸳鸯会在巢窝内垫上木屑，还会在木屑上面铺上自己的绒羽。孵化期一般为28~29天，整个孵化过程都由雌鸟承担。雏鸟破壳而出后，在巢中停留一些天就可以出巢了。开始时，亲鸟会在洞中"嗷啊，嗷啊"地鸣叫，鸣声又细又急，持续1个小时之久，好像在告诉孩子不要害怕，鼓励它们走出去。然后，亲

动物ID卡

鸳鸯

别称：中国官鸭
特征：嘴扁，趾间有蹼，雄鸟羽毛艳丽
生存区域：针叶和阔叶混交林及附近的溪流、沼泽、芦苇塘和湖泊等处
食物：植物、昆虫以及鱼、蛙、虾、蜘蛛等

鸟先从树洞中飞出来落到树下的水中，并且继续不停地鸣叫，这时雏鸟们才伴随着"叽叽"的叫声，慢慢地爬到洞口，然后一个接一个地跳下水，跟随亲鸟一起游泳。

Chapter4

第四章

鱼　类

鱼的特征

>> YU DE TEZHENG

鱼是水中的精灵，是地球上生物的重要组成部分。世界上现已发现的鱼类约有26000种。

🐾 生理特征

我们常说"鱼儿离不开水"，这种无法改变的亲水性就是鱼类最显著的特征。这一特点和它们的呼吸方式有着莫大的关系。鱼类用鳃呼吸，只有在水中，鳃才可以派上用场。为了能够更好地在水中自由自在地生活，加快自身在水中的游泳速度，鱼类进化出了独特的鳍。为了抵抗水中乃至深海的巨大压力，鱼类进化出了抗压的脊椎。离不开水，用鳃呼吸，用鳍游泳，拥有脊椎，这就是鱼区别于其他生物的生理特征。

🐾 外形特点

鱼类体表光滑，有的种类的身体还会分泌出独特的黏液；为了降低游动时的阻力，鱼体多呈流线型或纺锤形。当然，并不是所有的鱼类都完全符合

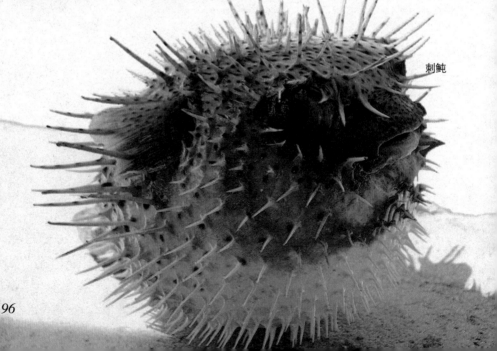

刺鲀

这一特点，也有少数例外：有的身体扁平，有的身体极长，也有的身体极短。这些千奇百怪、形态各异的鱼构成了十分奇妙的鱼类世界。

奇异的叫声

食人鱼

有些鱼类也是有语言的，它们通过声音的大小和转换来进行沟通。如娇小可爱的海马会发出类似于打鼓的声音；箱鲀能发出类似于狗叫的声音；电鲇的叫声活像一只发怒的猫……在鱼类世界中，我们还能听到类似于猪叫声、人类打鼾声、呻吟声和吹哨声等的声音。这奇异的叫声也为水世界增添了许多乐趣。

斗鱼

深海中的明灯

在漆黑的海底，我们常常能看到或大或小、或明或暗、形态各异的光影，其中很多都是鱼的杰作。有的鱼腹部带有多行发光器，发起光来如一排排点亮的蜡烛；有的鱼后背被发光器所覆盖，这种大型发光器就像探照灯一样可以照亮前行的路线；有的小鱼带有萤火虫般的小发光器，成群游动时犹如点点星光，分外美丽。

鱼的分类

按照鱼体内骨骼的特点，可将鱼分为软骨鱼和硬骨鱼。

软骨鱼的骨头由软骨组成，外骨骼不发达或退化。全世界的软骨鱼类现存约有800种，中国有200多种。它们主要分布在低纬度海洋，少数栖于淡水。其代表种类是鲨鱼和鳐类。

生活中常见的鱼类绝大部分属于硬骨鱼，如鲤鱼、青鱼、草鱼、鲢鱼等。它们的最大特点是骨骼为硬骨。

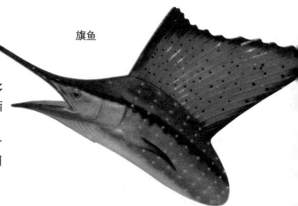

旗鱼

小丑鱼——可雌可雄的变性高手

▶▶ XIAOCHOUYU —— KECIKEXIONG DE BIANXING GAOSHOU

小 丑鱼是一种热带咸水鱼。因为鱼脸上都有一条或两条白色的条纹，就像小丑似的，故而得名"小丑鱼"。

公子小丑鱼

🐾 鱼世界中的滑稽角色

大多数小丑鱼全身呈温暖的橘红色，仅在脸上有一条或两条白色的条纹，和京剧里面丑角的脸谱有着异曲同工之妙。它们就像丑角一样，滑稽可爱，给人们的生活带来了很多乐趣，因此它们也成了极负盛名的观赏鱼种。

🐾 和海葵共生

印度红小丑

小丑鱼喜欢生活在带有毒刺的海葵丛中。它们的身体表面拥有特殊的黏液，可保护它们不受海葵的影响而安全自在地生活于其间。有了海葵的保护，小丑鱼可以免受其他大鱼的攻击，还可以吃海葵吃剩的食物。对海葵而言，它们可借着小丑鱼的自由进出吸引其他的鱼类靠近，增加捕食的机会；小丑鱼亦可除去海葵的坏死组织及寄生虫，同时小丑鱼的游动可减少残屑沉积在海葵丛中。

🐾 "女中豪杰"

我们都知道，在母系社会，女子占有主导地位，担任族长的一般是年长的妇

咖啡小丑鱼

黑双带小丑鱼

女。而在鱼类的世界中，竟也有相似的情况。雌性小丑鱼是一家之主，个头较大的它带领着几只体形略小的雄性小丑鱼共同生活在一只海葵之中，如果有危险来临，如外敌侵犯，它会立刻向其他家庭成员下达命令或亲自"率军出战"。真可谓是鱼类中的"女中豪杰"啊！

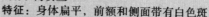

动物ID卡

小丑鱼

别称： 海葵鱼
特征： 身体扁平，前额和侧面带有白色斑块；性格温和
生存区域： 热带浅水海域
食物： 浮游生物、无脊椎动物

🐾 神奇的变性

人类若想改变性别，一定要通过手术。而对于小丑鱼来说，改变性别仅仅是它们最普通的习性而已。小丑鱼是雌性当家的，但如果这个家族中的雌鱼不见了，那么雌鱼的丈夫会在几星期至几个月的时间内完全变成雌鱼。这时，其他雄鱼成员中会有一尾最强壮的成为这一雌鱼的丈夫。这种不需要任何技术的变性手法真是大自然的奇迹！

🐾 情感丰富

在小丑鱼的大家庭里，竟也和人类一样有着尊老爱幼、礼貌谦让的美德。如果有的鱼不小心受了伤，其他鱼就会细心地一同照顾它；如果哪条小鱼违反了规定，犯了错误，就会被其他的鱼冷落，以示惩罚。怎么样，是不是和人类很像呢？

小丑鱼与海葵

旗鱼——迅疾的剑客

QIYU —— XUNJI DE JIANKE

旗鱼是一种性格凶猛、行动迅捷的鱼类，它们长喙的形状如利剑一般，而且骨质非常坚硬。

形状酷似一面旗子

旗鱼种类较多，主要有立翅旗鱼、红肉旗鱼、黑皮旗鱼、芭蕉旗鱼等，其习性大同小异。旗鱼的前颌骨和鼻骨向前延伸，形似宝剑。青褐色的身躯上，镶有灰白色的斑点，这些圆斑以纵行排列，看上去像一条条圆点线。旗鱼的第一背鳍长得又长又高，前端上缘凹陷，竖起展开的时候，仿佛是船上扬起的一张风帆，又像是展开的一面旗帜，人们因此叫它们"旗鱼"。

动物ID卡

旗鱼

别称： 马林鱼、芭蕉鱼
特征： 体形修长，有些扁，背鳍又长又高，呈旗状，生有剑形长喙；凶猛，游速快
生存区域： 热带、亚热带上层海域
食物： 乌贼、秋刀鱼等

第二次世界大战的时候，一艘英国轮船曾经遭到旗鱼攻击。据资料称，当时，一条特大旗鱼用"利剑"刺穿油轮的钢板，海水从大窟窿里涌进船舱，船员们惊慌失措，以为遭到了鱼雷的袭击，醒过神来却发现是一条特大号的旗鱼。

凶残的猎手

旗鱼是海洋中的游泳冠军，也是海洋食物链中高高在上的食肉动物，极少有生物能威胁到它们。旗鱼懂得团结合作，当盯上海中群鱼时，会通过高超的捕食技巧将猎物从鱼群里敲打出来，虽然并非每次都能成功，但越来越多的旗鱼会加入，一条失手，另一条迅速跟上，直到眼前的猎物被消灭殆尽。

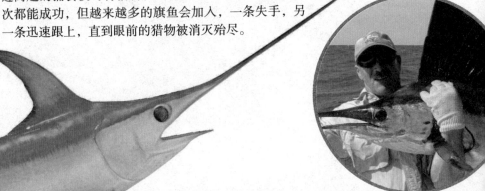

鹦嘴鱼——大额头的鱼

鹦嘴鱼分布在热带海域，是一种大型鱼，嘴很像鹦鹉的嘴，里面生有很多小牙齿。

🐾 色彩艳丽

鹦嘴鱼是生活在珊瑚礁中的热带鱼类。每当涨潮的时候，大大小小的鹦嘴鱼披着绿莹莹、黄灿灿的色彩艳丽的外衣，从珊瑚礁外的深水中游到浅水礁坪和潟湖中，从海面望去，宛如腾起一道彩虹，十分美丽。

🐾 坚嘴利牙

鹦嘴鱼有着独特的牙齿和特殊的消化系统。它们的嘴力量极强，可以将珊瑚虫连同它们的骨骼一同啃下，之后它们长在咽喉部位的小牙齿会发挥出巨大威力，磨碎珊瑚虫，然后将其吞入腹中。它们那特殊的消化系统可以将腹中物质的所有营养全部吸收，而碎屑则会被排出体外。

🐾 难以捕获

鹦嘴鱼是渔民们最难捕获的一类鱼，这是因为它们极具团结互助的精神。如果一条鹦嘴鱼不幸陷入了渔网，它的伙伴们都会快速地赶来用牙齿咬住其尾巴，用尽全力，拼命地从缝隙中把它拉出来。这种团结精神实在令人敬佩。

金鱼——鱼类中的艺术品

金鱼体态轻盈，色彩艳丽，姿态优雅，是著名的观赏鱼类。它们的祖先是鲫鱼。我国是金鱼的故乡。

帅气的头型

金鱼的头型大致分为3种：一种头部皮肤薄而且平滑，没有凸起，是"平头型"；一种头部两侧皮肤薄而平滑，只有头顶上有凸起的厚厚的肉瘤，与家鹅的头部极为相似，是"鹅头型"；还有一种头顶和两鳃上都布满了厚厚的肉瘤，就像人类的爆炸头一样，是"狮头型"。

动物ID卡

金鱼

特征： 鲫鱼的变种，色彩鲜艳，不同种类之间的差别较大
生存区域： 清洁、含氧量高的淡水中
食物： 以浮游生物为主

迷人的眼睛

金鱼的眼睛也有不同的类型。有的金鱼眼睛大小正常，叫"正常眼"；有的金鱼眼睛非常大，大到都突出了眼眶，叫"龙眼"；有的金鱼眼睛不仅突出眼眶而且瞳孔朝天，叫"朝天眼"；有的金鱼在突出眼眶的眼睛外侧还长有半透明的小泡，猛一看去就像长了四只眼睛，叫"水泡眼"。

敏感的皮肤

金鱼有时会变色，这是受神经系统和内分泌系统控制的。当金鱼受伤、生病或水中缺氧、水质变差时，金鱼的体色就会变暗并且失去光泽；如果用强烈的灯光照射它们，一些金鱼体表还会显现出特别的斑纹。

河豚——游动的毒药罐子

河豚在欧美统称为"气泡鱼"，因为这种鱼遇到危险的时候会将自己身体里注满水和空气，从而吓走敌人。

自动充气

当渔民的渔网捕捞到河豚并将之倒在岸上时，河豚会迅速地吸气，并膨胀成圆鼓鼓的状态——诈死，人们往往会觉得它们这个样子很恶心，很难看，会不由自主地用脚一踢，这无形中帮了它们大忙——它们顺势一滚，逃回水中，瞬间消失得无影无踪。

动物ID卡

河豚

别称： 气泡鱼
特征： 身体短而肥厚，体表密布小刺，受惊吓时身体鼓成球状；血液、皮肤、卵巢及肝脏等有剧毒
生存区域： 大多生活在热带海洋中，少量生活在淡水中
食物： 蟹、蠕虫等软体动物

独特的求爱方式

男士向女士献殷勤时，他们通常会献上一束鲜花。生活在南美洲亚马孙河流域的淡水河豚也不例外。科学家们发现，雄性河豚会从它们的生活环境中收集"礼物"献给心仪的对象，只不过这份礼物可能是一束水草、一根木棍或者一块石子。

游动的毒药罐子

河豚的肉是无毒的，但是血液、皮肤、卵巢及肝脏等有剧毒。在日本，每年都有不少人因食用河豚而中毒。与蛇毒、蜂毒和其他毒素一样，河豚毒素也有其有益的一面。从河豚肝脏中分离的提取物对多种肿瘤有抑制作用。人们已经将河豚肝脏蒸馏液制成河豚酸注射液，用于癌症临床及外科手术镇痛。

带鱼——凶残的贪吃鬼

▶▶ DAIYU —— XIONGCAN DE TANCHIGUI

带鱼是我们经常食用的一种鱼，它们的身体就像一根中间宽、两头窄的带子，所以被称为"带鱼"。

🐾 贪吃的恶果

带鱼极贪吃，而且食量很大，一条带鱼得到了食物，其他带鱼都会过来抢夺。渔民们经常发现一种情况：当用鱼钩钓带鱼时，上钩的那条带鱼的尾巴会被另一条带鱼咬住，有时一条咬一条，一次竟能提上来一大串。这些贪吃的家伙因为争抢食物而成为渔民的战利品。

🐾 花样游泳高手

带鱼的游泳能力不强，速度也不快，但是它们在水中的姿势却相当优美，其他鱼类是根本学不来的。在静止时，它们总是将长长的身子垂直地立在水中，头向上昂起，注视着上面的动静，像是在仰天长啸，又像是在对天祈祷。如果鱼界也举办个花样游泳比赛，带鱼一定会拿到好成绩。

🐾 凶残的性情

带鱼是一种极其凶猛的肉食性鱼类，它们的牙齿十分发达，多而且尖利。它们

带鱼

别称：刀鱼、牙带鱼
特征：身体扁，呈银灰色，尾巴为黑色，头尖、口大、尾细；贪吃
生存区域：太平洋和印度洋居多
食物：毛虾、乌贼及其他鱼类

在饥饿的时候会变得十分凶残，同类之间甚至会互相撕咬。鱼群中如果有一条带鱼奄奄一息或伤痕累累，其他带鱼不仅不会同情，反而会群起而攻之，将其分食。

带鱼的鱼汛

某些鱼类成群地、大量地出现于水面的时期被称为"鱼汛"，在这一时期，人们可以对成群出现的鱼类进行集中捕捞。我国沿海的带鱼可以分为南、北两大类，两类带鱼的鱼汛有所不同。北方带鱼在黄海南部越冬，春天游向渤海，形成春季鱼汛，秋天则结群返回越冬地形成秋季鱼汛；而南方带鱼每年沿东海西部边缘随季节不同作南北向移动，春季向北作生殖洄游，冬季向南作越冬洄游，故南方带鱼有春汛和冬汛之分。

海马——伪装大师

▶▶ HAIMA —— WEIZHUANG DASHI

海马的模样既可爱又滑稽，那小小的身躯上竟有着一个大大的酷似马脑袋的头。那头总是高高地仰起，很是骄傲呢！

🐾 海中"四不像"

海马属于硬骨鱼。除了有一个酷似马头的脑袋之外，它还有一对变色龙似的眼睛、虾一样弯曲的身子和长长的尾巴。这些稀奇古怪的部位组合在一起，已经完全背离了鱼类的一贯形象，简直可以说是最不像鱼的鱼了。

> **动物ID卡**
>
> **海马**
>
> **特征：** 头部像马，尾巴像猴，眼睛像变色龙，身体像有棱有角的木雕；雄海马可育儿
> **生存区域：** 有珊瑚礁的热带、亚热带浅水区域
> **食物：** 小型的鱼、虾等

🐾 没有最懒，只有更懒

有的鱼行动缓慢，吃饱了就晒太阳，如鲸鲨，这无疑已经是懒鱼的代表了，但没想到"懒中更有懒中手"，海马懒得更加标新立异。为了使自己能够不花费一点力气就到达其他地方，它们总是将卷曲的尾巴缠到海藻的茎枝或其他物体上，随波逐流。即使漂流的时候姿势不雅地头朝下了，它们也不会费一丁点精力去调整姿势，除非是看到了食物，它们才会暂时离开缠附的物体。而吃过食物之后，它们又会马上找到其他物体附着上去。

🐾 "爸爸"当"妈妈"

海马几乎是动物界中唯一由父亲怀孕育儿的动物。海马的育儿袋里每次可装几百颗卵，一次孕育要经历二三十天，小海马才能出生。

神仙鱼——水中仙子

▶▶ SHENXIANYU —— SHUI ZHONG XIANZI

黄金神仙鱼

游动中的神仙鱼体态优雅、姿势迷人，就像仙子在水中畅游，又像燕子在飞翔，所以神仙鱼又有"燕鱼"这一别名。

游起来像帆船

神仙鱼身长12～15厘米，高15～20厘米，身体扁扁的，头也尖尖的，整个身体看上去呈菱形。它的背鳍和臀鳍就像三角帆一样挺拔。神仙鱼游动时仿佛在向大家宣布："小帆船"起航了！

常遭挑衅的"好好先生"

神仙鱼的性格十分温和，从不侵犯其他鱼类，即使是同类之间也从不争斗。它们每日都是悠闲地来回游动，但就是这样的好好先生也会有烦恼。有些个性调皮的鱼类，如虎皮鱼和孔雀鱼，喜欢啃咬神仙鱼那发达的背鳍和殿鳍，来挑战它的好脾气，弄得它们很无奈。

神仙鱼

别称：燕鱼
特征：头小，身体侧扁呈菱形，背鳍和臀鳍发达；性格温和
生存区域：热带浅水海域
食物：水蚯蚓、红虫等浮游生物

"好好先生"也发威

神仙鱼在产卵之前会找寻到一片自认为安全的区域作为它的领地。此刻的神仙鱼精神百倍地守卫着这片领土，如果有谁胆敢侵犯或闯入，神仙鱼就会摆出拼命的架势，直到将敌人驱赶出去。看来神仙鱼并不总是"好好先生"啊！

比目鱼——双眼同侧的奇鱼

>> BIMUYU —— SHUANGYAN TONGCE DE QIYU

比目鱼栖息在浅海的沙质海底，以捕食小鱼虾为生。它们特别适于在海床上的底栖生活，最大特点是两只眼睛长在脑袋的同一侧。

神奇的身体"密码"

比目鱼的身体呈扁平状，身体表面有极细密的鳞片，它们只有一条背鳍，从头部几乎延伸到尾鳍。比目鱼有两个最显著的特征：一个是两只眼睛都长在身体的左侧，也就是游泳时朝上的那一层；另一个是它的体色，有眼的一侧（静止时的上面）有颜色，下面无眼的一侧为白色。

有趣的生活习性

比目鱼的生活习性非常有趣，在水中游动时不像其他鱼类那样脊背向上，而是有眼睛的一侧向上，侧着身子游泳。它们常常平卧在海底，在身体上覆盖一层沙子，只露出两只眼睛以等待猎物、躲避捕食。这样一来，两只眼睛在一侧的优势就显示出来了，当然这也是动物进化与自然选择的结果。

保护自己有方法

有些比目鱼能随周围环境颜色的变化而改变体色，而这种变色是靠眼睛来观察的。当比目鱼发现它目之所及的地方的颜色改变了色调，那么它就开始改变身体颜色。所以，比目鱼只要游到一个新的地方，就会改变一次体色，如此一来，比目鱼一天不知道要变多少次。除了用"隐身"的方法来保护自己外，有些种类的比目鱼还会"用毒"，比如豹鳎，它们的鳍基部有一列毒腺，毒腺所分泌黏液中的化学物质可以让想攻击它们

的鲨鱼的上下颌麻痹，从而合不起来。

神奇的眼睛会搬家

比目鱼眼睛的奇异的特征并不是与生俱来的。刚孵化出来的比目鱼幼体，完全不像父母，它们的样子跟普通鱼类相差无几，眼睛长在头部两侧，每侧各一个，对称摆放。小比目鱼生活在水的上层，常常在水面附近游泳。但是，大约经过20多天，小比目鱼的身体就开始悄悄发生变化。当比目鱼的幼体长到1厘米时，奇怪的事情发生了——它们一侧的眼睛开始搬家。比目鱼的眼睛通过头的上缘逐渐移动到对面的一边，直到跟另一只眼睛接近时，才停止移动。

有趣的是，不同种类的比目鱼眼睛搬家的方法和路线有所不同。比目鱼的头骨是由软骨构成的。当比目鱼的眼睛开始移动时，它们两眼之间的软骨会先被身体吸收，这样，眼睛的移动就没有障碍了。比目鱼的眼睛在移动时，它们的体内构造和器官也发生了变化。眼睛长在同一侧后，比目鱼就不能适应漂浮的生活，只好横卧海底了。

满嘴利齿的比目鱼

比目鱼不全是贴在海底靠拟态或者凭借嗅觉和触觉来寻找食物的。比目鱼中最原始的一类大口鲽，满嘴都长着锋利的牙齿，是一种标准的靠视觉在水层中游动来吃鱼的鱼。所以，它们也会像其他鱼一样作长距离觅食、产卵或越冬的洄游。

动物ID卡

比目鱼

别称：鲽鱼
特征：身体扁平，两只眼睛位于头的同一侧
生存区域：热带到寒带的水域中
食物：小鱼虾

弹涂鱼——生活在陆地上的跳跳鱼

弹涂鱼有鳃，是真正的鱼，但它们却是唯一一种能在陆地上活动的鱼类。

上岸全靠特化器官

弹涂鱼的许多行为活动是在陆地上进行的，比如觅食、求偶和抵御入侵等。作为一条鱼，弹涂鱼为什么可以离开水呢？这是因为弹涂鱼有很多特化器官：首先，它们的眼睛通过长期进化已具有很强的视力，这使它们能看见浑浊不清的水下物体。弹涂鱼的眼睛下面有一个由皮肤折层形成的充满水的杯状窝，当弹涂鱼的眼睛

动物ID卡

弹涂鱼

别称： 跳跳鱼
特征： 体长、眼小，眼上缘高于头背面，有两个背鳍
生存水域： 部分热带及亚热带近岸浅水区
食物： 藻类、小昆虫等小型生物

由于长时间暴露在空气中而变得干燥时，它们会将眼球收缩进这个杯状窝中，给眼睛添加水分。其次，弹涂鱼的前鳍进化得像腿一样，所以它们在离开水后能够靠两个前鳍在陆地上行走、爬升和跳跃。另外，由于它们的皮肤和鳃腔经长期进化已发生结构性变化，所以它们既能在水中呼吸也能在空气中呼吸。

喜欢跳跃的怪鱼

每当退潮时，弹涂鱼就会依靠胸鳍肌柄爬到泥上觅食或者晒太阳。弹涂鱼在陆地上能像蜥蜴一样活动，它们的胸鳍肌柄就像爬行动物的两个前肢，能前后自如地运动。为了加强在陆上爬行的能力，弹涂鱼的臀鳍很低，尾鳍下叶的鳍条很粗。当胸鳍向前运动时，腹鳍就能起到支撑身体的作用。当在作短距离蹦跳时，弹涂鱼只依赖胸鳍；而在做1米以上距离的跳跃时，就必须借助于尾部叩击地面。但是只有在急躁或受到惊吓时，弹涂鱼才会做出如此激烈的反应。每当退潮时，弹涂鱼就会在滩涂上跳来跳去地玩耍和互相追逐。

🐾 安全温馨的地下穴居

上岸后的弹涂鱼面临着被鸟和各种陆生哺乳动物捕食的危险，所以它们会为自己建造地下洞穴。涨潮后，弹涂鱼还可以到洞穴内躲避前来觅食的各种食肉鱼类的攻击。除了用作避难，弹涂鱼的洞穴还可以用作抚育室。但是，弹涂鱼的洞穴也不是绝对安全的，比如洞里的水体常常会出现缺氧状态。对此，雌鱼和雄鱼会不断地轮流吞食空气，将其注入洞穴中，以建造一个地下空气包，从而缓解氧气的不足。

🐾 求偶招数多

通常，雄鱼挖好洞后，就会开始四处寻找配偶。一旦有中意的对象出现，雄鱼就开始在雌鱼面前跳求偶舞。为了增加诱惑力，雄鱼常常将身体从土褐色变成较浅的灰棕色，以此与黑黝黝的泥土形成反差。每条雄鱼都试图将怀卵的雌鱼引入自己的领土范围，进而再将其引诱进它的洞穴。为了引起雌鱼的注意，雄鱼还常常通过往嘴和鳃腔中充气而使其头部膨胀起来，同时它还用将背弯成拱形，竖起尾鳍，不断扭动身体等挑逗性动作来引诱雌鱼。

这时，如果另一条雄鱼来到跟前，它会更加卖力地表演，以免它的"意中人"被别人抢去。在此期间，它每隔一段时间就要停下来，看看对方是否被竞争对手抢走。如果雌鱼还在犹豫不决，雄鱼就会使出撒手锏，就是不断地在洞穴中进进出出，以此来引诱雌鱼。它的这种行为似乎在向雌鱼传达这样一个信息：进来吧，这里是你温暖的家。雌鱼一旦进入它的巢穴，雄鱼会快速地用一块泥巴堵住"洞口"。

飞鱼——长"翅膀"的鱼

飞鱼，以能飞而著名，长33厘米左右。它们常成群地在海上飞翔，破浪前进的情景十分壮观，是一道亮丽的风景线。

长相奇特的鱼

飞鱼的胸鳍特别发达，看起来就像鸟类的翅膀一样。长长的胸鳍一直延伸到尾部，整个身体像一个织布的"长梭"。它们凭借自己流线型的优美体形，能在海中以每秒10米的速度高速"飞翔"。它们能够跃出水面十几米，在空中停留的最长时间是40多秒，飞行的最远距离有400多米。飞鱼的背部颜色和海水接近，所以它们经常在海水表面活动却不易被捕食者发现。

又轻又小的卵

每年的四五月份，飞鱼会从赤道附近到我国的内海产"仔"，繁殖后代。它们的卵又轻又小，卵表面的膜有丝状突起，非常适合挂在海藻上。以前渔民们根据飞鱼的产卵习性，在它们产卵的必经之路

动物ID卡

飞鱼

特征：长有"翅膀"，背部颜色较暗，腹侧银白色
生存区域：热带、亚热带和温带海洋里
食物：浮游生物

上，放上海中许许多多几百米长的挂网，借此来捕捉它们，后来国家有了保护措施，这种美丽的鱼类就受到了保护。

飞鱼的秘密

很久以来，人们一直认为飞鱼在飞翔。其实，飞鱼并不会飞翔，它们只是在空中"滑翔"。每当飞鱼准备离开水面时，它们就会在水中高速游泳。这时，它们的胸鳍会紧贴身体的两侧，就像一艘潜水艇一样稳稳上升。上升到一定程度，飞鱼就用它们的尾部用力拍水，整个身体好似离弦的箭一样向空中射出。腾跃出水面后，它们会打开又长又亮的胸鳍与腹鳍快速向前滑翔。看过飞鱼"滑翔"的人都知道，它们的"翅膀"并不扇动，靠的是尾部的推动力在空中作短暂的"飞行"。飞鱼尾鳍的下半叶不仅长，还很坚硬。所以说，尾鳍才是它"飞行"的"发动器"。如果将飞鱼的尾鳍剪去，再把它们放回海里，它们就只能带着再也不能腾空而起的遗憾，在海中默默无闻地度过一生了！

"飞翔"其实是迫不得已的

飞鱼为什么要"飞行"？海洋生物学家认为，飞鱼的"飞翔"大多是为了逃避金枪鱼、剑鱼等大型鱼类的追逐，也可能是由于船只靠近受惊而飞。海洋鱼类的大家庭并不总是平静的，飞鱼是生活在海洋上层的中小型鱼类，是鲨鱼、金枪鱼、剑鱼等凶猛鱼类争相捕食的对象。在长期的生存竞争中，飞鱼"练"成了一种十分巧妙的逃避敌害的技能——跃水"飞翔"。当然，飞鱼这种特殊的"自卫"方法并不是绝对可靠的。在海上"飞行"的飞鱼尽管逃脱了海中之敌的袭击，但也常常成为在海面上守株待兔的海鸟的盘中餐。另外，飞鱼具有趋光性，夜晚若在船甲板上挂一盏灯，成群的飞鱼就会循光而来，自投罗网地撞到甲板上。

射水鱼——自然界的"神射手"

▶▶ SHESHUIYU —— ZIRANJIE DE "SHENSHESHOU"

射水鱼就像一架小高射炮，能从口中射出水柱，射猎悬垂在植物上的昆虫，并且几乎百发百中。

🐾 优秀的射击选手

射水鱼十分爱动、调皮，色彩鲜艳。它们的身长只有20厘米左右，长着一对水泡眼，眼白上有一条条不断转动的竖纹。射水鱼在水面游动时，不仅能看到水面的东西，也能察觉到空中的物体。一旦有捕食对象，射水鱼就会偷偷游近目标，先瞄准，然后从口中喷出一股水柱，将昆虫打落水中。它们能把水射到两三米高，距离30厘米内的飞蛾很难逃命。它们不仅能把苍蝇、蜜蜂、蝴蝶之类的小昆虫击落，还能把人的眼睛打伤。

> **动物ID卡**
>
> **射水鱼**
>
> **别称：** 高射炮鱼
> **特征：** 身体近似卵形，侧扁，头长而尖，眼大，体色呈淡黄，略带绿色
> **生存区域：** 印度洋到太平洋一带的热带沿海以及江河中
> **食物：** 苍蝇、蚊子、蜘蛛、蛾子等小昆虫

射水鱼的神秘武器

　　射水鱼的秘密武器藏在嘴里，它们用舌头抵住口腔顶部的一个特殊凹槽形成管道，就像水枪的枪管一样——更确切地说是玩具水枪的枪管。当鳃盖突然合上的时候，一道强劲的水柱就会沿着管道被推向前方，射程可达1米。这时，舌尖起到了活阀的作用，使射水鱼朝着正确的方向喷射水柱。如果第一次没有成功，射水鱼还会一试再试，它们可以连续发射几道水柱，然后再补充弹药。

你知道吗
NI ZHIDAO MA

　　射手鱼射出的水流是可以变化的，有时"连发"，有时"点射"。这是靠它们的舌尖变化来完成的。它们的舌尖像一个阀门，舌尖向下时，"阀门"被打开，射出的是一股水流，这就是"连发"；如果舌尖一抬一落，射出的是一串串水珠，这便是"点射"。

万无一失的捕猎计划

　　不像其他许多鱼类，射水鱼在空气中也能看清东西，双目并用可以帮助它们准确地判断猎物的位置。此外，它们的眼睛还可以转动，紧紧盯住猎物。射水鱼背部平坦，这就意味着它们能够尽可能地贴近水面。依靠特殊的鳍，它们还能够在水中盘旋。不过在水里捕捉空中猎物有一个大问题——折射，要想命中目标，射水鱼必须克服这个问题。从水下往上看，一切事物的位置都发生了偏移，射水鱼从一侧看到的苍蝇的位置与实际位置之间是有差别的。但是有一个地方不会受到影响——苍蝇正下方。此时，"狙击手"就会锁定目标发射弹药。即便射水鱼可以解决物理上的问题，它们的猎物仍有可能死里逃生，这时候射水鱼的另一项特殊本领就要派上用场了。这位生活在水下的居民并不介意暂时离开水面，它们可以跃出水面近30厘米抓住猎物。

Chapter5

第五章

爬行动物

爬行动物的特征

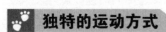

▶▶ PAXING DONGWU DE TEZHENG

爬行动物是真正的陆生脊椎动物，目前世界上约有6300多种，中国有近400种。爬行动物的适应性极强，统治陆地的时间也最久。那么它们具有哪些独特之处呢？

🐾 独特的运动方式

既然被称为"爬行动物"，当然是要爬着前进喽！通常爬行动物的四肢都会向外侧延伸，它们就以这种姿势慢慢地向前前行，鳄鱼就是这样走路的。有的种类没有四肢，就用腹部着地，匍匐着向前行进，蛇就是如此。

🐾 无法控制的体温

爬行动物控制体温的能力比较弱，体温会随着外界温度的变化而改变，在寒冷的冬季，它们的体温会降至0℃或0℃以下，如果不冬眠就很容易被冻死；相反，在炎热的夏季，它们的体温又会升高至30℃或30℃以上。还有的种类需要夏眠，否则生命便会受到威胁。独特的身体特点让它们养成了冬眠和夏眠的特殊习惯。

🐾 不同的生殖特点

和鸟类相似，绝大多数的爬行动物都为卵生。有的种类的卵会在母体中先进行

变色龙

蜥蜴

龟

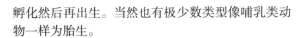

孵化然后再出生。当然也有极少数类型像哺乳类动物一样为胎生。

古怪的身体

　　爬行动物的血是冷的，所以体温不是很恒定。它们之中大部分的身体表面都覆盖着光滑而闪亮的鳞片。鳞片均匀而密集地布满整个体表，对身体起到了很好的保护作用。

　　爬行动物一般不会出汗，因为它们没有汗腺，也就是没有排汗的毛孔。身体里面的水分出不来，外面的水分当然也就不可能进得去了，因此它们的皮肤特别干燥。有的爬行动物的皮肤上面甚至布满了厚厚的角质层，如鳄鱼，这使它们的皮肤更加粗糙、坚硬，在一定程度上也起到了自我保护的作用。

主要类别

　　爬行动物主要分为鳄类、龟鳖类、鳞龙类。鳄类是一种水陆两栖的爬行动物，鳄鱼是鳄类的统称。龟鳖类是典型的长寿动物，也是现存的最古老的爬行动物，它们身上长有非常坚固的甲壳。鳞龙类是爬行动物中种类最多的一类，通常分为有鳞类和喙头类。蛇、蜥蜴属于有鳞类；喙头类的外形像蜥蜴，但有第三只眼睛——顶眼。喙头类动物已基本灭绝，当今世界唯一存活的该类物种是楔齿蜥。

鬣蜥

鳄鱼——我们不是鱼

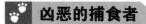
▶▶ EYU —— WOMEN BU SHI YU

鳄鱼不是鱼，而是一种凶恶的爬行动物。世界上有20多种鳄鱼，中国现存扬子鳄1种。

🐾 凶恶的捕食者

鳄鱼是凶恶、危险的动物。它们有带着"钢刺"的尾巴，还有一张血盆大口，口内有钢钉般的牙齿。它们潜入水中时，常把眼睛和鼻孔留在水面上，因此那些到河边喝水的动物或取水的人，往往在毫无警觉的情况下，就被鳄鱼咬住拖入水中吃掉。

🐾 高高在上的眼睛

鳄鱼的眼睛长在头上较高的位置，所以我们经常会看到它们潜在水里，只剩下两只眼睛露在外面。它们的两只眼睛靠得很近，可以看到三维的物体，而且夜视能力也很好。

鳄鱼经常会流"眼泪"，这可不是它们在为自己的"罪恶"忏悔。一种广为流传的说法是，这是它们在排泄体内多余的盐分。因为鳄鱼肾脏的排泄功能很不完善，体内的盐分要靠开口位于眼睛附近的盐腺来排泄。

动物ID卡

鳄鱼

别称：鳄
特征：体形较大，呈桶状，拖有长尾，皮厚；喜水；凶残
生存区域：热带到亚热带的河川、湖泊里，海岸浅滩中
食物：蛙、鱼及靠近水边的大中型动物

🐾 扬子鳄

白化鳄

鳄鱼蛋

扬子鳄是我国特有的鳄类，也是世界上濒临灭绝的爬行动物之一。它们身长1.5~2米，不像非洲鳄和泰国鳄的体形那么巨大。

扬子鳄喜欢栖息在湖泊、沼泽的滩地或丘陵山涧中长满乱草的潮湿地带。它们具有高超的打穴本领，头、尾和锐利的趾爪都是它们的打穴工具。俗话说"狡兔三窟"，而扬子鳄的洞穴不止3个。

🐾 食鱼鳄

食鱼鳄又名长吻鳄、恒河鳄，栖居在像恒河一样的大河流中。食鱼鳄身体修长，体色为橄榄绿，吻极长，口中牙齿多达上百颗且大小不一。食鱼鳄属于大型鳄鱼，体长4~7米。食鱼鳄分布于印度、巴基斯坦、孟加拉国、缅甸和尼泊尔的宽阔河流中，很少离开水，以鱼为食。食鱼鳄在沙地挖深洞产卵，并将卵铺成两层，共30~40枚。幼鳄孵出后体长约36厘米，全身布满灰褐色条纹。

🐾 湾鳄

湾鳄身体巨大，能长到6~10米长，1000多千克重，是鱼类中最大的一种。它们平时常待在沼泽地一动不动，伪装成一块浮木，吸引一些缺乏警惕性的动物上钩，使它们成为腹中之物；湾鳄还常采用偷袭的方法捕猎。湾鳄凶残贪婪，胃口极大，大型动物、小型动物都不放过，甚至还会吃人和吞食同种幼鳄。

蛇——擅长潜行的猎杀者

蛇类是一种不用脚爬行的爬行动物，行踪诡异，模样可怕。

🐾 分叉的舌头

分叉的舌头是蛇类的重要器官，也可以说是蛇类的最大特征。除了休息或睡眠外，蛇类会不断地伸吐舌头，来测试周围的环境。当舌头收入口腔底部的鞘中时，分叉的舌头会顶在口腔上方的助鼻器上，这是它们的嗅觉器官。

动物ID卡

蛇

别称：长虫、小龙
特征：体形细长，无脚，有鳞；有的有毒，大多数无毒
生存区域：世界各地均有分布
食物：以蛙、鱼、鸟、鼠为主，有的吃大中型动物，有的吃同类

🐾 只吃肉

所有的蛇类都是肉食性动物，无论是大型动物还是小型动物，都是蛇类的摄食对象。蛇类有时能一口将猎物吞进肚子里，因为它们都有一个可以张得很大的嘴巴。事实上，蛇的下颌与头骨是分离的，且下颌的左右两部分在前方也没有直接契合，而是由弹性韧带系连着，所以蛇能把下颌的左右两边撑开，而将嘴巴张得大大的。蛇的牙齿呈向后倾斜的反弯式，好像钩子一般，可以将食物钩住。而可自由移动的下颌就像跷跷板一样，一前一后地将食物送入具有弹性的喉咙内。

🐾 蛇没那么坏

蛇的样子真是吓人，那些毒蛇更可怕。人被毒蛇咬伤后，如果不及时抢救，就会有生命危险。不过，蛇对人类还是有许多益处的：蛇皮可用来制作皮革和乐器；毒蛇的毒液能够用来制作药酒；蛇胆和蛇蜕等可以做中药材，用来治疗各种神经痛、小儿麻痹症等

多种疾病；蛇肉是著名的美味佳肴；更重要的是，蛇是除鼠能手。一般情况下，人类不侵害蛇，蛇是不会主动攻击人的。

绿树蟒

蚺、蟒

蚺、蟒是蛇类中的"巨人"，身体粗壮，而且没有毒。千万别因为蚺、蟒的块头很大就认为它们笨拙，它们爬行的速度并不慢，还是游泳高手呢！

蚺、蟒经常将自己粗壮的躯干缠绕在树上一动不动。当猎物走近时，它们会迅速出击，安静而快速地爬行到猎物身边，用强劲的力量卷起猎物，用身体挤压，最终将猎物勒死，然后张开大嘴，将死去的猎物囫囵吞掉。

毒牙

有毒的蛇都有一对毒牙。有的毒蛇的毒牙前面是有沟的，叫沟牙；有的毒蛇的毒牙是闭合成管的，叫管牙，管牙后方有若干副牙。其实可怕的毒牙本身并没有毒，有毒的是藏在毒蛇上颌毒囊里的毒液。

眼镜蛇

蜥蜴——逃跑高手

蜥蜴是一种冷血的爬行动物，外部特征与生理结构和蛇很相似，所以又有"四足蛇"的称号。世界现存蜥蜴约有2500种，大致分成两大类：一类主要栖息在地表，身体略呈扁平形；另一类生活在树上或水中，身体是窄窄的。

棘蜥

短跑健将

多数蜥蜴都长有4条腿，其中后肢强健有力，能快速奔跑并迅速改变前进的方向。奔跑最快的蜥蜴时速可达25千米。有些蜥蜴可以仅用两条长长的后腿奔跑，跑动的同时将尾巴伸向后上方以保持身体的平衡。有种王蜥奔跑速度极快，可以在短距离内从水面上跑过而不下沉。

伞蜥

聪明地自残

遇到敌人、深陷险境的时候，许多蜥蜴能使长长的尾巴自行断掉，而断掉的尾巴会在地面上不停地扭动以达到迷惑敌人的目的。当敌人注意力被转移的时候，蜥蜴也就会趁机逃脱了。一段时间之后，它们的尾巴又会重新生长出来。

蜥蜴尾巴断掉之后，身体里会分泌出一种可促进尾巴再生的激素。当尾巴长出来之后，这种激素就会停止分泌，所以不必担心蜥蜴会同时长出几条尾巴。

蜥蜴家族

  鬣蜥身体细长，体表覆盖着齿状的鳞片。鬣蜥脚趾扁平，不仅可在陆地上生活，在水中也能游泳，也有些喜欢躲在树上。它们跑起来的速度相当快。鬣蜥类绝大多数都以捕捉其他动物为食，少数为杂食性的，既吃动物又吃植物。

  伞蜥分布于大洋洲北部及巴布亚新几内亚南部的干燥草原、灌木丛、树林中。拥有长长细细的尾巴，光尾巴就占了身长的2/3。颈部四周长有舌骨所支撑的伞状领圈皮膜，带有炫目的光彩，每当遇到外敌时会瞬间张开独特的颈伞，并张大嘴巴，威慑力十足。

  棘蜥又叫"魔蜥"，全身布满棘状刺，以吻部和两眼上方的刺最长，栖居在澳大利亚的沙漠地区，以蚂蚁为食。它们爬行缓慢，对人类无害。

动物ID卡

蜥蜴

别称：四足蛇
特征：身体细长，有鳞，尾巴长；不同种类差异很大
生存区域：热带、亚热带地区为主
食物：大多吃动物，不同种类猎食对象有区别

群居的蜥蜴

变色龙——伪装专家

变色龙是蜥蜴的一种，以捕食昆虫为生。因肤色"善变"而闻名于世。

为什么变色

变色龙颜色的变化类似于我们人类的语言，它们利用变色来对敌人进行警告，与朋友进行沟通。它们的皮肤还会随着温度的变化和心情的改变而变换颜色。天敌来犯或接近猎物时，它们更会伪装自己，将自己融入周围的环境之中，让敌人或猎物无法发现。

那么，变色龙变色的秘诀是什么呢？原来，与其他爬行类动物不同的是，变色龙的皮肤有三层色素细胞。这些色素细胞中充满了不同颜色的色素：最里面的一层是黑色素，中间一层是蓝色素，最外层主要是黄色素和红色素。

外形特征

变色龙的体长多为17~25厘米，也有较大者身长可达60厘米。身体两侧都是扁平状，尾巴细长，可卷曲。有些品种的头部有较大的突起，极像戴了头盔。有的头顶长着色彩鲜艳的"角"，就像戴着鲜亮的头饰一样。

较高的温度要求

变色龙对温度的要求很高：白天它们喜欢生活在温度为28~32摄氏度的地方；到了晚上，它们可以忍受在

22℃~26℃的地方生活，如果温度再低些，它们就会不适应。长期处于低温的环境中，变色龙就会食欲不振，生长缓慢，甚至虚弱至死。

奇特的双眼

变色龙的眼球是突出眼眶的，并且可以上下左右转动自如。更令人惊奇的是，它们的左右眼可以各自单独活动：一只盯着前方的目标，一只看向后方的猎物。即使是如此不协调，双眼依然能够运转正常。这种现象在动物界中是极其罕见的。这双眼真是奇特啊！

灵敏的长舌

变色龙舌头的长度是它们身体的两倍。如此的长舌非但不是它们的累赘，反而成为它们最灵敏、最有用的"工具"。这一"工具"从伸出到缩回只需1/25秒，速度简直快如闪电；另外，舌头的尖端可以分泌出大量黏液，昆虫一旦粘到上面就甭想再逃脱。变色龙也正是靠了这一好用的"工具"才能每日饱餐而归。

动物ID卡

变色龙

别称：避役
特征：身体细长，有鳞，尾长可卷曲；会变色
生存区域：马达加斯加岛、撒哈拉以南的非洲、亚洲西部
食物：昆虫、鸟卵、小鸟等

龟——背壳的寿星

>> GUI —— BEI KE DE SHOUXING

龟 是一种行动缓慢、背有硬壳的爬行动物。现今世界上约有250种龟，这些龟因生活环境的不同，大致可分为陆龟、海龟及淡水龟几大类。

典型特征

大部分的龟都有一个壳。这种壳大多非常坚硬，龟的身体就藏在这个类似盒子的厚壳里，有时甚至将头、足都完全缩进壳里，以逃避敌害。

龟是"长寿"的象征，在自然环境中有超过百年寿命的。人们常用"龟龄"比喻人之长寿。同时它也有吉祥富贵的寓意。

动物ID卡

龟

特征：背上有硬壳，能将头、足缩进壳里；长寿；一般爬行速度慢
生存区域：热带、亚热带及温带等较温暖的地区
食物：以蜴虫、螺类，虾及小鱼为食，亦食植物茎叶

龟的种类

陆龟完全生活在陆地上，一般都有高拱的背壳，也有的背壳扁平，如饼干陆龟。陆龟没有牙齿，颌部形成坚硬的喙。它们的头和腿能缩入壳内以获得保护。

海龟

海龟是体形最大的龟，它们身体扁平，除了头、腿和尾巴以外，全身覆盖着硬壳。与陆龟相比，海龟的前肢很像桨，这使得海龟能在海里自由自在地遨游。它们褐色或暗绿色的背部长有黄斑，头顶长有一对前额鳞。除了产卵和晒太阳，海龟通常很少上岸。

小海龟入海

淡水龟体形较小，头部前端光滑，头后散有小鳞，背甲上有3条显著的纵棱。栖息于河川、湖泊、水田等处，有时生活在陆地上，有时生活在水中。

甲鱼又名中华鳖，可活40~60年。夏秋之际，甲鱼会爬上河滩，在松软的泥地上挖个浅坑，伏在上面产蛋。有趣的是，如果甲鱼产蛋的地方离水面比较近，就预示着近期不会有洪水；如果产蛋的地方离水面较远，说明水位要升高，将有洪水。甲鱼真可谓"气象预报专家"。

象龟是陆生龟类中最大的一种，因为腿粗似象脚而得名。象龟生活在南太平洋厄瓜多尔科隆群岛，量少。

象龟的壳长可达1.5米，爬行时高可达0.8米，重200~300千克，最重可达375千克，能背负一两个成人行走，寿命可达300岁。

巴西龟

Chapter6

第六章

两栖动物

两栖动物的特征

▶▶ LIANGQI DONGWU DE TEZHENG

两栖动物早在3亿年前就存在于地球之上了。它们是最原始的脊椎动物，也是最早登陆的四足动物。

🐾 水、陆皆为家

两栖动物是相对于水生动物和陆生动物来说的，这种动物既能适应水中的生活，又可以自由自在地生存在陆地上，所以被称为"两栖动物"。

🐾 幼体、成体差异大

两栖动物的幼体和成体的形态差异巨大，有的甚至完全不同，如蝌蚪和青蛙。两栖动物的卵一般产在水里，幼体也生活在水中，像鱼一样用鳃呼吸；而成体大多数生活在陆地上，呼吸器官也由鳃转变成了肺。

按正常的观念，一般都认为动物的各个部位、各种器官应该是协调生长的，但两栖动物却完全打破了这一认识。它们都是先长出后肢，待后肢完全成形后，再长出前肢；四肢的生长速度、生长状态也都不相同，后肢往往比前肢更强壮有力。有的两栖动物前肢短小、瘦弱，与"摆设"无异。

🐾 脆弱的皮肤

两栖动物的皮肤都十分薄，而且裸露在外，看起来相当脆弱。它们的皮肤可以

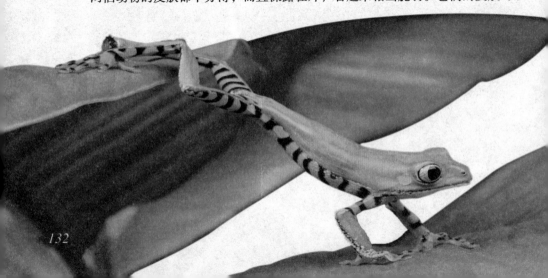

青蛙

辅助呼吸，这就是它们在水中依然能自
在生活的原因。两栖动物的皮肤看起来总是湿湿的，这是因为皮肤的表面能分泌出
滑溜溜的黏液，所以想空手捉住它们是相当困难的。

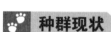 不恒定的体温

　　两栖动物控制体温的机能不健全，所以
它们的体温不很恒定。一般的两栖动物在夏
天还可以控制住自身的体温，但是一到冬天
就没有办法了，它们的体温会随着温度的降
低而逐渐下降，这样就很可能被冻死。为了
适应环境，生存下去，很多两栖动物都有冬
眠的习性，青蛙就是其中的典型。

种群现状

　　两栖家族的成员并不少，约有4000种。它们分布很广
泛，生存能力也不低。除一些无尾目动物的幼体（蝌蚪）爱
吃植物外，其他的都爱吃肉，如青蛙、蟾蜍都捕食昆虫。不
过你或许不知道，很多可爱的蝌蚪也吃肉，而且饿的时候会吃
自己的兄弟姐妹呢。

蝌蚪

蝾螈

蟾蜍——笨拙的机灵鬼

▶▶ CHANCHU —— BENZHUO DE JILINGGUI

蟾蜍看起来既丑陋又恶心，所以人们给它们起了个别称叫"癞蛤蟆"，可如果深入了解一下的话，你会觉得它们非常可爱。

🐾 "干"伏"湿"出

蟾蜍喜欢隐蔽于泥穴里、潮湿石头下、草丛内、水沟边。因皮肤易失水分，故白天多潜伏隐蔽处，黄昏及夜晚才出来活动。蟾蜍可以依靠肺和皮肤进行呼吸，它们经常保持皮肤的湿润状态，以便于空气中的氧气溶于皮肤黏液进入血液，所以，在空气湿度大或下雨时，它们会一反常态地在白天出来活动。

🐾 看起来很笨

蟾蜍大多行动缓慢，就算到了水中也不灵活，即使是遇到了危险，顶多也只能进行短距离的小跳。

我很聪明，只是低调

蟾蜍大多时候看起来都笨笨的，游泳速度很慢，跳不太高，蹦不太远。可有时候它们却十分灵活机敏。青蛙只会跳跃，因此只有在保持蹲坐的静止姿态时，才会注意到飞行的昆虫，为人类除害。而蟾蜍即使在爬行时，也可以捕食到那些一动不动的虫子，由此可见，"癞蛤蟆"其实一点也不笨，还是个厉害的除害高手呢。

蟾蜍在野外不能及时躲开人的话，便会躺在地上装死，即使被你的脚碰疼了，也一动不动。如果你遇到这种情况的话，不妨蹲下来观察一下，但请别伤害这个除害高手。

毒液威名扬

癞蛤蟆的"癞"可谓是个谜，很多人认为一旦碰了癞蛤蟆，皮肤就会变得和它们一样。为了不让癞蛤蟆"赖"上自己，人们便对它们敬而远之。这个"癞"其实指的是蟾蜍身上疙瘩状的突起，这些突起确实会分泌出毒液。这种毒液对其敌人可能会有一定的威胁，但是对人类完全没有影响，而且其毒液干燥后形成的蟾酥还可入药呢。

动物ID卡

蟾蜍

别称： 癞蛤蟆、疥蛤蟆
特征： 四肢短小，身体灰暗，长有疙瘩；爱湿润，昼伏夜出
生存区域： 温带、亚热带、热带地区的草丛、石穴间
食物： 虫子、蜗牛等

黑眶蟾蜍

青蛙——好脾气的捕虫高手

青蛙是捕虫能手，是农民的好朋友，常常出没在小河、池塘、稻田等处。

外部特征

青蛙除了肚皮是白色的以外，头部、背部通常都是黄绿色的，夹杂着一些灰色的斑纹，有的背上还有3道白印。青蛙除了幼体时期外，都没有尾巴。它们拥有光滑的皮肤、大大的嘴巴、突出的眼睛和强健的四肢，善于跳跃的后肢更是格外强劲有力。

青蛙的成长历程

青蛙通常将卵产在水中，让它们自行孵化。刚孵化出来的幼体叫蝌蚪，主要吃植物性食物。在腿渐渐发育，尾部也愈来愈短的时候，它们开始摄取动物性食物；而早期用来呼吸的鳃也逐渐退化，终至消失，它们开始用肺呼吸。到最后，蝌蚪终于变成拥有四只脚、没有尾巴的小青蛙了，并开始陆地生活。蝌蚪变成青蛙，需要数星期时间。

两栖类虽然已经具有肺，但其呼吸功能还不强，所以仍需依靠皮肤来辅助呼吸。大多数两栖动物的皮肤下都具有腺体，可分泌透明的黏液，以保持皮肤湿润，辅助呼吸。此外，它们常躲在潮湿、阴暗的角落，以防皮肤干燥。

数量没那么多了

青蛙本是乡间十分常见的动物，然而随着城市的扩建，池塘、草地的减少，环境污染的加重，农药的大量使用，以及捕蛙、食蛙的盛行，青蛙的生存越来越艰难，数量急剧下降。青蛙是人类的好朋友，是农作物的保护者，爱护青蛙，其实就是对人类自己负责。

青蛙脾气也很大

青蛙大多数时候都很温驯，可一旦发起火来，也很可怕。1977年的广州郊区，春夏都很干旱，好不容易才在9月初下了一场大雨，人们都欣喜若狂。雨过天晴，在近郊公路旁的一个水坑里，聚集着许多青蛙，鸣叫声像在擂鼓。人们看到青蛙之间展开了一场骇人的自相残杀之战。有的青蛙在水面互相追赶，有的抱成一团互相残杀，断肢残腿遍地都是，鲜血淋漓。1979年10月下旬，在贵州省某地的一方水田里也发生了此类事件。

一些动物学家猜测，可能是蛙类为了寻求配偶而自相残杀；也有人持反对意见，认为这种残杀可能是某种气候变化的先兆。

动物ID卡

青蛙

别称： 田鸡、坐鱼
特征： 肚皮白，头、背大都呈黄绿色，多有灰色的斑纹；爱湿润
生存区域： 世界各大洲的水域、湿地等
食物： 以虫子为主

蝾螈——害羞的穴居者

>> RONGYUAN —— HAIXIU DE XUEJUZHE

斑点蝾螈

蝾螈是一种长有尾巴的两栖动物，体形和蜥蜴很相似。它们的身体必须时刻保持湿润才能正常生活，所以它们喜欢居住在潮湿的环境里。

极度害羞

蝾螈是一种很"害羞"的动物，不擅长交流，所以它们通常不会群居，也不愿意到陌生的环境或见到陌生的生物，有的甚至怕见阳光。因此，很多蝾螈终日生活在水中，有些竟完全在潮湿黑暗的洞穴中度过一生。

不容小觑的短腿

蝾螈的四肢短短粗粗的，一点都不发达。所以它们走路的时候总是慢吞吞的，让人看着都着急。但是可别小看了这小短腿，蝾螈靠它们才可以自如地行走，甚至爬树和钻洞。如果前行的道路泥泞不堪，它们竟还可以像人类一样踮起脚尖用前足或趾尖小心地前行。为了加快行进速度，它们一边走还一边不停地摆动尾巴，那模样真是滑稽极了。

水中的闪电战

别看蝾螈行走时总是慢吞吞的，一副蠢蠢笨笨的样子，但是一到了水中它们就会摇身一变，变成一名既灵活又矫健的游泳高手。它们常常在水底和水草下面活

东方蝾螈

动，但停留的时间不会很长，因为每隔几分钟，它们都要游到水面换气。可能是为了早点回到它们喜爱的水草旁，它们用最快的速度去完成这项换气的任务。从蹿出水面吸气到下沉，用时只有3～4秒，真可谓"神速"。

反击有绝招

别以为蝾螈貌似憨厚就去惹它们，它们发起怒来可是相当可怕的。蛇就总吃这样的亏。当蛇向蝾螈发起进攻时，蝾螈会立刻用尾巴不停地抽打蛇的头部，同时尾巴上还会分泌出一种黏黏的液体，将蛇身粘成一团。而且蝾螈体内含有河豚毒素，这种毒素也足以置敌人于死地。

蝾螈明星

世界上大概有400种蝾螈，大多数蝾螈都通过皮肤和肺呼吸，也有很多是通过皮肤和口腔呼吸的。鳃盲蝾依靠鳃呼吸，生活在地下暗河和洞穴中，因一生与黑暗相伴，所以眼睛已退化，身体也缺乏色素。红背蝾螈有鲜艳的体色，幼体长大后鳃就消失了，不过成年的红背蝾螈没有肺，仅通过皮肤来呼吸。在所有蝾螈中，墨西哥蝾螈算是长得最可爱的了，它们能长至30厘米长，身体多为黑色、棕色、白色，头上长着6个角，当它们正面朝向你的时候，会呈现出一副"笑脸"。

墨西哥蝾螈

黑色蝾螈

Chapter 7
第七章

无脊椎动物

蛛形动物——毒中高手

>>ZHUXING DONGWU —— DU ZHONG GAOSHOU

蛛形动物之中最常见的一类非蜘蛛莫属了。除此之外，我们熟知的还有蝎子、螨虫和蜱虫等。

蜘蛛

意志坚强的"耐饿狂"

部分蛛形动物忍饥挨饿的能力特别强，有个别种类甚至可以几百天不吃任何东西。难道它们和我们人类一样，肉吃多了，想减肥吗？其实并不是这样的。许多蛛形动物一顿饭可以吃掉和自己体重相当的食物，是不折不扣的大胃王。它们并不是怕胖，而是不能经常捕到食物，没有猎物的日子里它们只好忍受着饥饿。而在此时，它们的新陈代谢也较缓慢，需要的能量极少，这种适应环境的身体变化使它们成了真正的"耐饿狂"。

心狠手辣的"杀手"

许多蛛形动物都属于肉食性动物。它们拥有最为锋利的"武器"——毒针或螯牙。捕食或对战时，它们将毒液注入对方体内，使对方被麻痹。部分蛛形动物还会从嘴中吐出具有强烈腐蚀性的消化液，这种液体会使猎物的五脏六腑变成"稀粥"，这时猎手们又会将空心的毒针或螯牙当成吸管，把这"稀粥"吸入体内，美美地饱餐一顿。这种猎杀的手法快速又残忍，部分蛛形动物甚至会互相残杀，对待同类也绝不手软，真不愧为心狠手辣的"杀手"。

蝎子

声名狼藉的"黑寡妇"

"黑寡妇"蜘蛛的身体呈黑色，一般身长在2～8厘米之间，雌蜘蛛腹部有红色斑点，呈沙漏状。雌性蜘蛛会在交配后立即咬死配偶，"黑寡妇"的名称就由此而来。"黑寡妇"蜘蛛广泛分布于世界各地，毒性强烈，对儿童和体弱者威胁较大。

 ## 这种动物"亦敌亦友"

很多蛛形动物有重要的经济价值：一些蜘蛛是捕食害虫的能手，它们在防治农林虫害上起着重要的作用；蝎子可以被用来治疗疾病，具有重要的药用价值。这些蛛形动物都是我们的好朋友。但有些蛛形动物是人类的敌人，比如螨虫和蜱虫，它们经常会侵入植物、动物甚至人类的体内，传播疾病，给人类带来无穷的困扰。

织网高手

很多蛛形动物都是织网高手，它们的网看上去弱不禁风，但实际上能够承受几千倍于蜘蛛体重的重量。有些蜘蛛还会织出像篮子、渔网和漏斗一样的网。

> **你知道吗**
> NI ZHIDAO MA
>
> ### 五毒
> "五毒"一般指蝎子、蛇、壁虎、蜈蚣、蟾蜍5种动物。这5种"毒物"的毒性各不相同，据说，蜈蚣的毒性位居第一。在金庸的武侠小说中，"五毒"指蝎子、蜘蛛、蛇、蜈蚣、蟾蜍。

大龙虾

甲壳动物——盔甲兵

甲 壳动物都有坚硬的外壳包裹着身体，以达到保护自己的目的。我们常吃的龙虾、对虾和螃蟹都属于甲壳动物。

🐾 无法逃离"水世界"

甲壳动物生活在海洋或淡水之中，它们世世代代在水中繁衍生息，捕食嬉戏，已经习惯了这种生活，也不愿离开这熟悉的环境了。只有少数敢想敢闯的"叛逆分子"走出了熟悉的家园，去寻找新的天地。它们把步伐延伸到了陆地，然后欣喜地率领亲朋好友开始同样安逸但更加新奇的陆地新生活。但是它们在繁衍或生长的时候依然要回到水里。

沙蟹

寄居蟹

🐾 横行将军——螃蟹

螃蟹横着行走的行走方式是由它们奇特的身体构造决定的。螃蟹的头部和胸部在外表上无法区分，因而就叫头胸部。螃蟹有10只脚，就长在身体两侧。第一对脚叫螯足，既是掘洞的工具，又是防御和攻击的武器；其余4对是用来步行的，叫作步足。每只脚都由7节组成，关节只能上下活动。

螃蟹

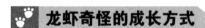

大多数蟹的头胸部的宽度大于长度，因而爬行时只能一侧步足弯曲，用足尖抓住地面，另一侧步足再向外伸展，当足尖够到远处地面时便开始收缩，而原先弯曲的一侧步足就马上伸直，把身体推向相反的一侧。由于这几对步足的长度是不同的，所以螃蟹实际上是向侧前方运动的。

据研究，螃蟹的祖先与其他动物一样，也是前爬后退、规规矩矩走路的。另外，现今不是所有的蟹都只能横行，生活在沙滩上的和尚蟹和生活在海藻丛中的蜘蛛蟹就是直行的。

锦绣龙虾

🐾 龙虾奇怪的成长方式

龙虾需要通过蜕皮才能不断地增大。它们蜕皮的方法是先在尾部和躯干部胀开一条横向裂缝，然后身体侧卧弯曲，慢慢从裂缝中出来。龙虾幼体的再生能力很强，损失的部分会在第二次蜕皮时再生，几次蜕皮后就会恢复。不过，新生的部分比原先的要短小。

🐾 能够维护生态平衡

在海洋和淡水生态系统中，甲壳动物，尤其是浮游甲壳动物，起了一个非常关键的作用：它们食用水中的浮游植物，控制这些植物的生长，平衡了水质，维护了生态平衡。

基围虾

145

腔肠动物——海中之"花"

▶▶QIANGCHANG DONGWU —— HAI ZHONG ZHI "HUA"

全世界的腔肠动物约有1万种，它们全部都生活在水中，除了少数几种生活在淡水里外，其余的种类都生活在海中。海葵、水母、珊瑚虫、水螅等都是腔肠动物。

威力巨大的"秘密武器"

腔肠动物又称"刺细胞动物"。它们的身体由内外两胚层构成，外胚层上生有成组的刺细胞，这种刺细胞并不扎人，却能够释放毒素，如果敌人胆敢入侵它们的领地，它们会毫不犹豫地将刺刺入敌人体内，麻痹或杀死敌人。当然，它们捕捉猎物时也会用此方法。

完美的对称图形

腔肠动物的身体中央生有空囊，有的就像一个吹满气的气球一样，而触手都是疏密均匀地向四周辐射，因此腔肠动物有的呈钟形，有的呈伞形，有的呈刺球形……但无论以何种形态出现在我们面前，它们的形体都是对称的。有些腔肠动物的身体左右或上下都是相同的。

令人难以置信的低等动物

腔肠动物算是最低等的生物之一了，这种动物居然没有呼吸器官和排泄器官。它们从细胞表面周围的水中获得氧气，代谢产生的废物由外胚层细胞排入水中或由内胚层细胞排入消化循环腔中，然后由口腔排出体外。这种生存方式简直令人难以置信。

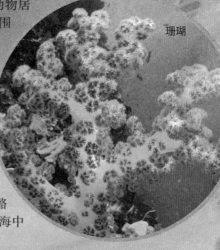

珊瑚

珊瑚与海葵

珊瑚和海葵长得都像花一样。珊瑚枝上的"花"便是由无数的珊瑚虫聚集而成的。一些珊瑚虫死后，另外的珊瑚虫便在死的珊瑚虫骨骼上营造新胚。因此，珊瑚不断增大增高。海葵像海中的一朵葵花，它们不时舞动的"花瓣"其实是它们用来捕食的触手。海洋中的珊瑚和海葵都会利用触手来捕食浮游生物。一些小鱼、小虾常常因为碰到珊瑚与海葵的触手而被吃掉，成为它们的美食。

水母

水母常常漂浮在海面上，随波逐流。水母的外形多种多样，有的像一把撑开的雨伞，有的像一枚硬币，有的像帽子……水母虽然长相美丽，其实十分凶猛。它们都长着许多长长的、有毒的触手，触手上布满了刺细胞，像毒丝一样，能毒死猎物。

海葵

水母的种类较多，每种水母都有自己的特征。箱水母模样似箱子，是目前所知的毒性最大的生物之一。海月水母是一种典型的漂流水母，它们外形美丽，极具观赏性。桃花水母因其在水中游动时形状如漂浮在水中的桃花花瓣，且多在早春桃花盛开的时节出现而得名。

水母

多足动物——无脊椎界的显赫家族

▶▶DUOZU DONGWU —— WUJIZHUI JIE DE XIANHE JIAZU

那些长有很多脚的动物被人们称为"多足动物"。它们的脚密集地排列在身体的两侧，行动起来有条不紊，速度飞快，令人惊叹！

🐾 生活习性

多足动物大多栖息在湿润的森林中，多以腐败的植物为主食，在分解植物的遗体上扮演着重要的角色。然而，仍有一少部分多足动物生活在草原、半干旱地区甚至是沙漠之中。大部分多足动物都是草食性的，只有少数的是肉食性的。多足动物中的少足纲及综合纲都是相当微小的生物，主要生活在土壤中。

千足虫

🐾 有的身躯娇小

并不是所有的多足动物都像我们想象中的那样拥有长长的身躯和许许多多的脚。它们之中的很多也是相

蜈蚣

蜈蚣捕食

当娇小的，有的甚至只有半毫米长，但就是在这么短小的身躯上也分布着11个体节，长有9对袖珍的脚。

本领高超的"捕猎者"

多足动物中有很多捕猎高手，比如我们熟知的蜈蚣，它们穿着坚硬的铠甲，行动极为神速，遇到猎物就会猛扑过去，用嘴撕咬，将其吞食。身高严重不足的蜈蚣之所以能成为捕猎高手，是因为它们长有颚足，即在下颚附近长出的一对类似于脚的巨大附肢。这对巨大的颚足是它们强有力的捕猎工具。

外形不一

千万不要以为多足动物都是黑乎乎、干瘪瘪、外形丑陋的多脚虫子哟，它们之中也不乏美丽优雅者。在综合纲中，有的种类全身乳白，身体光滑而耀眼，堪称多足动物界的"白天鹅"。

常见成员

蜈蚣又名"百脚"，身体分头和躯干两部分，有许多体节，每一个体节有一对结构相似的步足。蜈蚣都有毒，毒性强弱因种类及个体大小而异。

千足虫又称"马陆"，与蜈蚣是同类。它体形呈圆筒状或长扁形，触角短，躯干有体节20个。第2~4节各有一对步足，自第5体节开始均有两对步足，所以人们叫它"千足虫"。

你知道吗
NI ZHIDAO MA

世界上生物的种类复杂多样，将数不胜数的生物简单划分为鸟、兽、虫、鱼、花、草、树木显然是笼统而错误的。几代生物学家经研究分析，确立了有7个阶层的分类系统，分类单位按从大到小的顺序依次为界、门、纲、目、科、属、种。最上层的是界，最下层的是种。

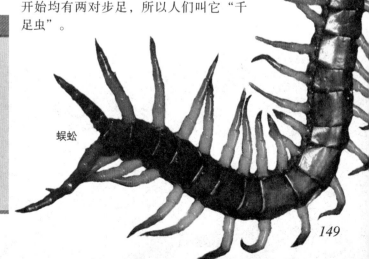

蜈蚣

环节动物——雌雄同体的无脚怪

▶▶HUANJIE DONGWU —— CI XIONG TONG TI DE WUJIAOGUAI

蚯蚓内部结构

环节动物是动物的一门，身体长而柔软，由许多环节构成，表面有像玻璃的薄膜，头、胸、腹不分明，肠子长而直，前端为口，后端为肛门，如蚯蚓、水蛭等。

为什么要分节

环节动物的身体由许多形态相似的体节构成，被科学家们称为"分节现象"。这种分节并不是为了好看产生的，而是无脊椎动物在进化过程中的一个重要标志。环节动物的体节与体节间以体内的隔膜相分隔，体表相应地形成节间沟，成为体节的分界。环节动物的排泄器官、神经等也表现出按体节重复排列的现象。这些环节对促进动物体的新陈代谢具有很重要的作用。

蚯蚓是常见的鱼饵

丰富的生活方式

环节动物的生活方式可谓多种多样，而且大不相同。它们之中有的爱好穴居，每天只待在洞穴中，不愿出门；有的喜欢在海底游走，四处漂泊，像个旅行

水蛭

家；有的喜欢浮游在海中，享受自由；有的喜欢生活在湖中，享受安逸；还有的喜欢生活在陆地上，享受土壤的滋养。这丰富的生活方式一点也不输给我们人类呢！

蚯蚓

怪异的生殖方式

环节动物真是神奇得令人惊叹，随着它们的生长，它们的性别竟然会改变，大部分由雄性变为了雌性。请不要太过惊讶，神奇的还在后面，变为雌性的环节动物不需要异性就能够自己生产下一代，而且这下一代是从自己身体的一段或体节中的一节长出的新个体。这种生殖方式虽不能算是高级，但起码很令人称奇吧！

环节动物有脚吗

穿梭于土壤之中的蚯蚓是我们常见的环节动物，它们没有脚，靠体节的伸缩来移动身体，达到行进的目的。大多数的环节动物都是以此种方法前进的。为了增加与土壤的摩擦力，更便于爬行，有的环节动物的体节周围还布满了刚毛，这种小尖刺状的东西不仅能够使它们自身免于敌人的侵害，而且有助于运动，但这刚毛也不算脚。那么，环节动物难道都没有脚吗？

不是的，有的环节动物有不分节的附肢，这附肢比身体稍稍凸出一块，看起来就像生在身体下部的小脚一样，人们称之为"疣足"。疣足可以帮助身体快速地移动，这就是环节动物的脚了。

海绵动物——海底过滤器

海绵动物

海绵动物有10000多种，它们大小不一，最大的长度可超过两米，形态各异，常在其附着的基质上形成薄薄的覆盖层。它们或色泽单一或十分绚丽。

庞大的家族

海绵动物虽然是多细胞动物中最简单的一类，却是一个庞大的家族，有10000多种，占所有海洋动物种数的1/15。这种多孔滤食性生物体大多"无柄"地直接附着在基质上。它们没有器官，也没有明晰的组织，但有细胞的分化，其细胞种类非常复杂。它们的骨骼要么是含钙或含硅的骨针，要么是有机的海绵硬蛋白纤维。它们有统一的水沟系统。这种动物通常为雌雄同体，能进行有性繁殖和无性繁殖。

奇特的进食方式

海绵动物捕食的方法十分奇特，是一种滤食方式。单体海绵很像一个花瓶，瓶壁上的每一个小孔都是一张"嘴巴"。海绵动物通过不断振动体壁的鞭毛，使含有食饵的海水不断从这些小孔渗入瓶腔，进入体内。在"瓶"内壁有无数的领鞭毛细胞，由基部向顶端螺旋式地波动，从而产生同一方向的引力，起到类似抽水机的泵吸作用。当海水从瓶壁渗入时，水中的营养物质，如细菌、硅藻、原生动物或有机碎屑，便被领鞭毛细胞捕捉后吞噬。经过消化吸收，那些不能被消化的东西就随海水从出水口流出体外。

节能本领强

对于固着生活的海绵动物来说，从食物中获得化学能来之不易。但是获取食物时，鞭毛的摆动是要耗能的，怎么办？海绵动物想到了一个好办法，为了节能，它们总是生活在有海流经过的海底，并在千百万年的进化过程中，完善了一套利用天然流体流动能的本领，从而节约了宝贵的食物化学能。一个高10厘米，直径1厘米的海绵，一天内能抽海水22.5升，出水口处的水流速度可达5米/秒。这种高速离去的水流保证了从体内排出的废物不再"回炉"。海绵动物正是因为有滤食和节能的本领，才能在缺乏营养的热带珊瑚礁中和极地陆架区世代繁衍。

海绵动物

特征： 形态各异，体形多数不对称，少数辐射对称，单生或群生
生存区域： 呈世界性分布，从淡水到海水，从潮间带到深海
食物： 动植物碎屑、藻类、细菌

可怕的再生能力

海绵的再生能力很强，如果把一块完整的海绵切成一小块一小块的，每块都能独立生活，而且能继续长大。将海绵捣碎过筛，再混合在一起，同一种海绵还能重新组成小海绵个体。有人做过一项实验，将橘红海棉（细芽海绵属）与黄海棉（穿贝海绵属）分别捣碎做成细胞悬液，然后将两者混合后按各自的种排列和聚合，没想到它们逐渐形成了橘红海绵与黄海绵。可见它们的再生能力有多强。

棘皮动物——最美的海底对称动物

▶▶JIPI DONGWU —— ZUI MEI DE HAIDI DUICHEN DONGWU

棘皮动物是长着针刺状皮肤（棘皮）的海洋动物，包括海星类、海胆类和海参类等。棘皮动物在所有海洋中的各种深度的水域中都能够找到，大约有6000个种类。

🐾 辐射对称的外形

　　所有的棘皮动物都呈辐射对称状，也就是说它们身体的各个肢体都是从身体中心点辐射出去的。棘皮动物的中心点周围通常有5个对称部分，这种体形特征在普通的海星身上体现得最为明显。海星有5个独特的附属肢体，嘴巴为身体的中心点。由于辐射对称，这种动物的身体有口面和反口面之分。有趣的是，刚出生的棘皮动物是两边对称的，但在生长期间，左边增大而右边缩小，直到叠边被完全吸收，然后这一边长成五辐射对称形状。

强壮的骨骼

棘皮动物之间有很多共同点。它们的骨骼都是由骨板组成，有些骨板本身就带有突出的骨刺，这正是它们是棘皮动物的原因。大多数棘皮动物细小的脚都是空心的，像管子一样。所有的棘皮动物身体内部都有个管子构成的网络，这些管子里充满了海水。棘皮动物的骨骼外面通常都有表皮，皮上一般都带棘，海星和海胆则有变形的球棘和叉棘。

海参

海参纲

海参纲动物身体成圆筒形，一边是嘴，周围长有触手，另一边是肛门。海参纲动物的骨板不发达,有微小的骨针或骨片。它们的筛板开口于体腔内。我国大约有60种。代表动物：刺参、梅花参、海棒槌。

海星纲

海星纲动物的身体呈扁平状，通常为五角形,腕与体盘分界不明显。海星纲的动物嘴长在肚子上面，肛门和筛板则在嘴的对面。它们的消化器官有一部分延伸到腕中，腕的腹面有步带沟，管足特别发达。全世界大约有1000种。代表动物：海盘车。

海胆

海胆

海星

软体动物——柔软没有关节的动物

>>RUANTI DONGWU —— ROURUAN MEIYOU GUANJIE DE DONGWU

软体动物种类繁多，它们的习性因种类而异。腹足类在陆地、淡水和海洋均有分布，双壳类只生活在淡水和海洋中，其他类群基本上都生活在海洋中。

🐾 带着"房子"的动物

软体动物的身体一般可分为头、足和内脏团三个部分。大多数软体动物要么是单壳，要么是双壳，但有些品种的壳发育不全或者已经丧失。典型的软体动物是身体柔软没有关节的动物，其下身形成肌肉发达的肉足，用于爬行或挖掘地洞；而上身则长有一层叫作外膜的皮。外膜下面有一个腔，腔里是呼吸器官。而外膜本身也可以用作呼吸。软体动物通常也有心脏、肝脏、肾脏、生殖腺以及相互连接的神经。大多数软体动物的头

蜗牛

上长有和眼睛一样的触角，用来感知周围的情况。除此之外，它们还有几千颗微小的牙齿，在它们吃东西时，这些牙齿像锉一样把食物磨碎。

🐾 不同的生活环境

现有的软体动物可分为7个纲：单板纲、多板纲、无板纲、腹足纲、双壳纲、掘

足纲、头足纲。由于种类繁多，所以软体动物的大小也不尽相同。一些品种小到几乎无法直接用肉眼看到，而一些大的鱿鱼竟长达15米。大部分软体动物生活在海洋里，有的也生活在淡水里和陆地上。有些陆地蜗牛也生活在高山和炎热的沙漠中。牡蛎、蛤、扇贝则生活在浅海。软体动物通常依附在地上潮湿的物体上，或者深深地藏在水下的烂泥和沙里。大部分软体动物行动缓慢，以植物为食，有的软体动物如鱿鱼，则喜好游泳，并以鱼类和其他海洋动物为猎物。

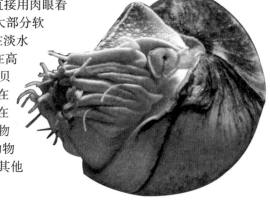

两性繁殖

软体动物是两性繁殖的动物。有些品种的卵子在雌性体内受精然后再孵化出幼小的生命，但大多数品种的卵是在脱离母体后受精的。

动物ID卡

软体动物

特征：身体柔软，左右对称，不分节
生存区域：从海洋到河川、湖泊，从平原到高山
食物：因种类不同而不同

经济价值高

软体动物具有很高的经济价值。除了可以作为食品以外，它们还可以产生珍珠母、珍珠、装饰贝壳，或作为工业制品的原料。另外渔夫还把它们当作诱饵。许多软体动物还充当了清道夫的角色，或者成为其他动物的食物。极少数软体动物对牡蛎的养殖和木桩具有破坏性。

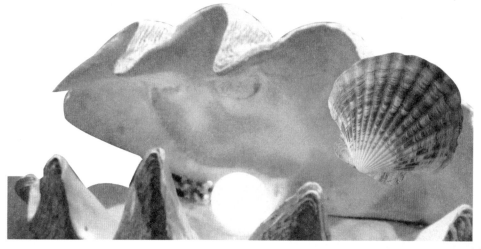